诱导电荷电渗漩涡颗粒分离方法

陈晓明　王正松　李　明　杨艳秋　著

东北大学出版社

·沈　阳·

ⓒ 　陈晓明　王正松　李　明　杨艳秋　2024

图书在版编目（CIP）数据

诱导电荷电渗漩涡颗粒分离方法／陈晓明等著.
沈阳：东北大学出版社，2024. 11. -- ISBN 978-7
-5517-3687-9

Ⅰ. O351. 2；Q93-331

中国国家版本馆 CIP 数据核字第 2024CJ2393 号

出　版　者：东北大学出版社
　　　　　　地址：沈阳市和平区文化路三号巷 11 号
　　　　　　邮编：110819
　　　　　　电话：024-83683655（总编室）
　　　　　　　　　 024-83687331（营销部）
　　　　　　网址：http://press.neu.edu.cn
印　刷　者：辽宁一诺广告印务有限公司
发　行　者：东北大学出版社
幅面尺寸：170 mm×240 mm
印　　张：10
字　　数：180 千字
出版时间：2024 年 11 月第 1 版
印刷时间：2024 年 11 月第 1 次印刷
策划编辑：刘新宇
责任编辑：杨　坤
责任校对：周文婷
封面设计：潘正一
责任出版：初　茗

ISBN 978-7-5517-3687-9　　　　　　　　　定　价：58.00 元

前 言

    在微流控领域，颗粒分离技术在解决许多重大问题中发挥着不可取代的作用。在实际情况中，样本的状态是复杂多样的，如目标藻类细胞与其他藻类细胞共同生存，并且容易发生粘连和聚集；氧化石墨烯小球尺寸多样，并且其他参数存在不确定性。因此，需要灵活可靠的分离技术去解决上述难题。声波辐射力、光辐射力、磁场力、介电泳力、离心力、漩涡等常常应用于分离技术的开发，由于漩涡技术具有非接触、易激发等特点，成为解决上述难题最有潜力的方法。但是，目前基于漩涡的颗粒分离技术是通过设计特定的结构产生漩涡进行颗粒分离，在解决上述难题时存在无法灵活调整、适用范围窄等局限性。诱导电荷电渗（induced-charge electro-osmotic，ICEO）漩涡的强度可以通过改变电场的幅值、频率和溶液电导率进行精确调节，并且 ICEO 漩涡的形貌可以通过改变电场的分布和悬浮电极的形状进行重塑。这些优势使得 ICEO 漩涡在状态复杂颗粒的分离方面具有巨大潜力。因此，本书从这一点出发，针对基于 ICEO 漩涡技术进行颗粒分离开展了一系列的研究工作，具体如下。

    首先，从双电层充电动力学和 Maxwell-Wagner 界面极化的角度出发，分析了不同形式的颗粒样本在 ICEO 漩涡中的极化特性和受力情况，通过耦合电场、流场和重力场建立了 ICEO 漩涡颗粒分离数学模型。通过数值模拟研究了颗粒在 ICEO 漩涡中的运动轨迹，以及电压参数和颗粒属性对颗粒运动轨迹的影响规律。数值模拟了对称和非对称 ICEO 漩涡分离不同颗粒密度和不同尺寸颗粒的过程，揭示了基于 ICEO 漩涡的颗粒分离机理，为后续的颗粒分离实验研究奠定了理论基础。

    其次，设计并加工了微流控装置激发对称和非对称 ICEO 漩涡，并搭建了基于 ICEO 漩涡颗粒分离的实验系统，研究对称 ICEO 漩涡对颗粒电动平衡状态的调控规律。在证明对称 ICEO 漩涡在颗粒分离方面可行性的基础上，研究了该方法在分离不同密度颗粒和不同尺寸方面的性能，以及流速对分离效果的影响和非对称 ICEO 漩涡对颗粒电动平衡状态的调控规律。通过分离 4 μm 二氧化硅和聚甲基丙烯酸甲酯（polymethyl methacrylate，PMMA）颗粒研究了非对称 ICEO 漩涡在基于密度差异颗粒分离方面的性能。通过分离不同尺寸酵母细胞验证了非对称 ICEO 漩涡在基于尺寸差异分离方面的性能,以及溶液电导率对 ICEO 漩涡分离效果的影响。

再次,提出基于对称 ICEC 漩涡的微藻分离方法,克服了细胞粘连状态对分离效果的影响,实现了对正介电特性颗粒的分离。操纵 4 μm 二氧化硅和不同尺寸的聚苯乙烯(polystyrene,PS)颗粒验证了该分离方法的灵活性,通过研究液滴在 ICEO 漩涡中的运动行为,验证了 ICEO 漩涡操纵大尺寸颗粒的适应性。基于对纳米颗粒电动平衡状态的参数调控,利用渐远式对称 ICEO 漩涡方法分离了 500 nm PS 和 600 nm 的铜纳米颗粒,并证明了该分离方法的可行性。通过调节工作参数,利用该方法提取了特定核数的卵囊藻细胞,为获取高质量的中性油脂提供了技术支持。基于双电层充电效应提出了一种平行诱导电荷电渗漩涡颗粒分离方法,实现了对硅藻细胞的高通量分离,并利用阻抗方法实现了硅藻细胞增殖过程的阻抗信息变化。

最后,开发倾斜悬浮电极阵列以激发循环非对称 ICEO 漩涡,克服单周期分离的局限性,实现多种颗粒的同时分离。为了证明循环非对称 ICEO 漩涡的适应能力,根据流场分布,研究了不同和相同电动平衡状态下的颗粒分离。在验证不同电动平衡状态颗粒分离可行性的基础上,探讨了电压幅值、频率、流体流速和样本含量对分离效果的影响。在证明相同电动平衡状态颗粒分离的可行性的基础上,分析了工作参数对分离效果的影响,成功地实现了三种颗粒的同时分离。基于对氧化石墨烯小球在 ICEO 漩涡中迁移特性的表征,实现了多种尺寸的氧化石墨烯小球的筛选,并研究了电压幅值对分离效果的影响。此外,通过调节筛选参数,实现了纳米尺度的氧化石墨烯小球的筛选。该项工作提供了一种连续的、非接触的多种颗粒同时分离的方法,有效降低了制备尺寸均匀的氧化石墨烯小球的成本,并且该方法可以直接拓展到其他应用材料的分离研究中。

本书由东北大学秦皇岛分校陈晓明、王正松、李明、杨艳秋老师共同撰写。全书共 180 千字,由陈晓明老师统稿、定稿。具体撰写分工如下:陈晓明老师负责第一章和第四章的撰写,约 60 千字;王正松老师负责第二章的撰写,约 40 千字;李明老师负责第三章的撰写,约 40 千字;杨艳秋老师负责第五章的撰写,约 40 千字。

感谢哈尔滨工业大学的姜洪源教授对本书中研究内容的具体指导。由于笔者水平有限,书中难免有疏漏和不足,希望广大读者批评指正,并欢迎提出宝贵意见。

著　者

2024 年 5 月

目　录

1 绪 论

◈ 1.1 研究的目的和意义

鉴于微纳米尺度颗粒的分离在医学、生物学、材料科学等领域的广泛应用，该技术受到越来越多的关注。利用颗粒分离技术可以从多种细胞群体中筛选出纯净的细胞群或者从复杂的样本中提取需要的成分，比如，在生物科学领域，科学家从病人血液中分离出病变细胞用于疾病的早期诊断和病理的研究；在环境科学领域，需要对极端环境中的微生物进行分离，研究该环境中微生物群体的组成及其基因转录情况的变化，从而实现对环境的检测[1, 2]；在材料科学领域，对加工出来的颗粒材料进行筛选，使加工出的产品性能更加优越、更加可控[3-5]；在分析化学领域，需要在实验研究前利用分离技术对样本进行提纯，提高实验的成功概率和保证实验的可靠性[6]。

微藻细胞是最常见的单细胞微生物，构成了海洋食物链的基础[7]。最近几年，微藻细胞受到了越来越多的关注，被公认为最有前途的可持续能源，能够代替当前日益枯竭的化石能源，缓解日益严峻的能源危机。更重要的是，微藻细胞是可再生的高效生物燃料，并且其生产效率明显高于陆生植物。除此之外，它们能够在海水或废水等极端环境中生活[8, 9]。但是，通常情况下，微藻细胞经常和其他藻类一起生存，并且微藻非常容易被其他有害的细菌污染。被污染的藻类会造成养分竞争，进而引起生物产量和质量的下降。为了研究微藻细胞的生理变化和保证生物燃料的产量，需要获取纯净的藻类细胞以确保稳定的培养环境[10]。值得注意的是，藻类细胞容易发生聚集、粘连等现象[11]，为藻类细胞的提取增加了难度。因此，需要开发出新型的分离技术克服这些难点，在分离过程中对藻类细胞进行离散处理，以获得纯净的藻种细胞，提取高质量的油脂，缓解能源衰竭危机。

褶皱结构的氧化石墨烯小球比薄片结构具有更多优点,比如较大的比表面积、优异的摩擦性能、抗聚集特性、吸光性能等。它们被应用于能量存储、能量转换、润滑添加剂、吸光材料等领域。值得注意的是,上述产品性能受到氧化石墨烯小球尺寸的影响。如果用尺寸确定且均匀的氧化石墨烯小球去加工电子器件或者改进现有的装置,就会使产品性能的可控性和功能性变得更加强大。到目前为止,加工尺寸均匀的褶皱结构的氧化石墨烯小球仍然是一个巨大的难题,因为提取尺寸均匀的氧化石墨烯薄片(小球的原料)是一件困难的事情[12, 13],并且在加工过程中,氧化石墨烯小球的尺寸会受到压力、温度、浓度等因素的影响。利用分离技术对氧化石墨烯小球进行筛选是解决上述问题的有效方法,但是氧化石墨烯小球尺寸多样,密度等参数存在不确定性,为其筛选过程增加了难度。因此,需要开发一种能根据氧化石墨烯小球运动状态而灵活调整的分离技术,对尺寸不均匀的氧化石墨烯小球进行筛选,获得尺寸确定且均匀的样本。

为了解决上述难题,一些学者运用声波辐射力、介电泳力、光辐射力、磁场力、离心力等来开发分离技术。虽然上述分离技术具有独特的优点,但是在一些领域也被自身的特性所限制。比如:基于声波辐射力的分离技术在循环肿瘤细胞和外泌物的提取方面具有高效和非接触的优点,但是该技术的加工工艺比较复杂,成本比较高;离心分离技术虽然能够实现大规模的颗粒分离,但是高速旋转的特性使其难以与具有其他功能的装置进行集成,实现更为复杂的功能;磁场力在细胞分离方面具有独特的优势,但是在分离之前需要将磁性纳米颗粒修饰在细胞表面,并且需要考虑它们在磁场中的磁性,对于那些没有磁性或者没有被磁性颗粒修饰的样本,利用磁场力无法处理。介电泳(dielectrophoresis, DEP)颗粒分离技术是利用细胞和电解液之间的相对极化程度差异,使颗粒在电场驱动下展示出特定的运动轨迹而进行分离的一项技术[14, 15]。虽然该技术在处理癌细胞和纳米颗粒方面是一个有效的工具,但是该技术依赖流体聚焦技术实现颗粒的预聚集,并且容易出现颗粒和细胞粘电极问题,这将影响电场分布,从而影响芯片的分离效果。

基于漩涡的颗粒分离技术是解决上述问题最有潜力的手段。在漩涡旋转作用下,聚集或粘连的颗粒会自动离散开[16, 17]。并且漩涡形态多样,对不同样本具有较强适应性。但是,当前大部分基于漩涡的分离技术是通过设计特定的结构来改变流体的运动,从而实现流体漩涡的塑造[18],根据颗粒在漩涡中状态的不同进行分离。当前，基于漩涡的颗粒筛选技术主要依靠直通道形、螺旋形、涨缩形和蜿蜒形等惯性分离装置。虽然这些装置能够以高通量和高效率的方式对样本进行分离，但是这样的分离技术存在灵活调控性能差、适用范围窄等局限性。如果处理新的样本，可能面临烦琐的重新设计和加工装置等问题。相反，如果利用主动漩涡去开发分离技术，就可以巧妙地克服被动漩涡分离技术的缺点。因此，基于主动漩涡颗粒分离技术的开发成为当前微流控领域的一个研究热点。

诱导电荷电渗（ICEO）漩涡是一种可控性、重塑性非常强的漩涡，并且具备非接触、形态多样、易激发等优点，在解决上述难题方面具有较大的潜力。在电场作用下，悬浮导体表面形成双电层，并在切向电场的驱动作用下，扩散层中的偶极反离子产生横向迁移，从而在悬浮导体表面产生电渗滑移。由于流体黏滞力的作用，在悬浮导体表面体相溶液中产生了 ICEO 漩涡流。由于 ICEO 漩涡流的形貌可以通过调节电场分布和悬浮电极表面 Zeta 电势分布进行调整和重塑，此外，漩涡的速度可以通过调节电场的强度、频率和溶液的电导率来实现精准调控。大部分样本密度比水的密度大，在水溶液中运动过程中会被自动重新平衡在通道底部附近，为颗粒分离提供了良好的初始位置。因此，ICEO 漩涡是实现藻种细胞提取和氧化石墨烯小球筛选非常有潜力的漩涡技术。

本书针对利用 ICEO 漩涡进行颗粒分离开展了机理和实验研究，成功实现了藻类细胞的提取和氧化石墨烯小球的筛选。首先，从双电层充电动力学和 Maxwell-Wagner 界面极化出发，分析了不同形式颗粒样本在 ICEO 漩涡中的极化特性和受力情况，建立了 ICEO 漩涡分离颗粒的物理模型，并通过数值仿真研究了它们在 ICEO 漩涡中的运动轨迹。其次，分析了电压参数和颗粒特性等因素对运动轨迹的影响，通过数值仿真研究了对称和非对称 ICEO 漩涡基于密度差异和尺寸差异的颗粒分离，进一步揭示了基于 ICEO 漩涡的颗粒分离机理。再次，从实验角度证明了对称和非对称 ICEO 漩涡在颗粒分离方面的可行性，并研究了它们在基于密度差异和尺寸差异分离方面的性能。通过将对称 ICEO 漩涡进行演变，逐渐增大流体停滞区宽度的方法开发了渐远式对称 ICEO 漩涡藻类细胞分离新方法，克服了细胞粘连和正 DEP 的影响，提高了对称 ICEO 漩涡的适用范围；通过分离纳米尺度颗粒验证了该分离方法的可行性，进一步实现了高油脂含量小球藻细胞的提取和基于核数卵囊藻细胞的分离。最后，将非对称 ICEO 漩涡进行演变，设计了倾斜悬浮电极阵列（tilted-angle ridge floating electrode sequence, TARFES) 激发循环非对称 ICEO 漩涡, 实现样本的反复分离, 提高了非对称 ICEO 漩涡分离方法的通量。为了验证该方法的适应能力, 实验研究了颗粒在两种模式下的分离过程。利用该方法实现了多种颗粒的同时分离。同时, 将该方法应用于多尺寸氧化石墨烯小球的筛选, 为高性能电子器件的加工提供了可靠手段。本书以 ICEO 漩涡技术为基础, 在颗粒分离、藻类细胞提取、氧化石墨烯小球筛选方面开展了深入的研究, 具有重要的意义和价值。

◆ 1.2 国内外研究现状及分析

1.2.1 颗粒分离技术的国内外研究现状

颗粒分离是解决一些重要问题的一个关键步骤[19-25], 如在海洋监测领域需要分离不同的水藻细胞[26], 在疾病诊断领域需要提取数量极少的病变细胞[27-32], 在疾病治疗领域需要从很多衍生物中分离出干细胞[28], 在解决能源储备方面需要分离出油脂含量较高的水藻细胞, 在制造太阳能电池和超级电容方面需要提取尺寸均匀的氧化石墨烯小球[33]。为此, 各种各样用于颗粒分离的微流控技术被相继开发出来。当前的颗粒分离技术可以分为主动式分离和被动式分离[19, 34]。主动式分离技术的代表包括声波辐射力[35, 36]、磁场力[37-39]、光辐射力[19]、DEP 力[40, 41]等。被动式分离技术的代表包括惯性微流控分离、重力与沉降分离、滤过效应分离、毛细作用分离。

1.2.1.1 主动式颗粒分离技术的研究现状

(1) 基于声波辐射力颗粒分离技术

基于声波辐射力的颗粒分离技术是将电信号添加在压电材料上来产生声波, 对分离缓冲液中样本颗粒施加一个表面声波辐射力[35, 42-44]。在声波辐射力的作用下, 不同的样本在压力节点或反压力节点位置达到平衡状态。在声波辐射力的持续作用下, 不同颗粒的运动轨迹的差异越来越大, 能够实现颗粒样本的分离[42, 45], 如图 1-1 所示。

在基于声波辐射力颗粒分离方面, 做得比较好的是美国杜克大学的 Tony Jun Huang 团队。2015 年, Tony Jun Huang 团队设计了一对指形倾斜配置的压电转换器, 在聚二甲基硅氧烷(polydimethylsiloxane, PDMS)通道内产生一对倾斜分布表面声波, 形成倾斜的压力节点分布, 成功地实现了微尺度颗粒分

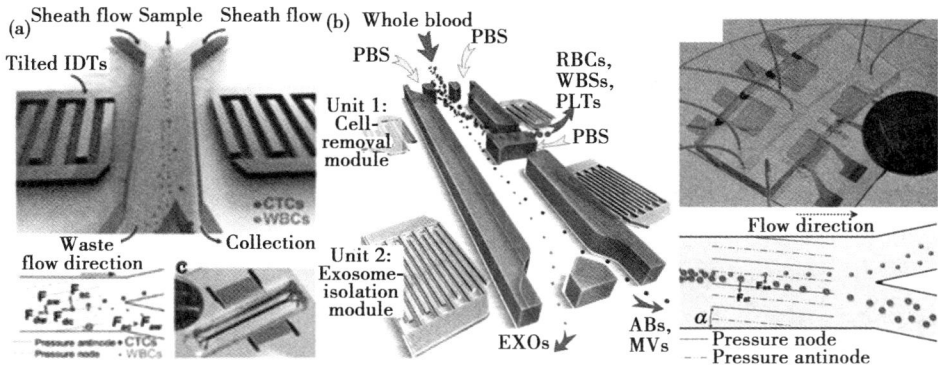

图 1-1　基于声波辐射力的分离技术

（a）基于声波辐射力的人体细胞分离芯片[36,42]；（b）基于声波辐射力的外泌体提取装置[42]。

离[36]，该分离系统的分离原理和实验芯片照片，如图 1-1（a）所示。Tony Jun Huang 团队又利用该技术成功实现了海拉细胞的提取，为癌症的早期诊断提供了一种有效的方法。在 2017 年，Tony Jun Huang 团队将声波辐射力运用在纳米尺度颗粒分离方面，成功地实现了 110 nm 和 500 nm 的颗粒分离[46]。同年，Tony Jun Huang 团队将声波分离技术应用在血液中外泌体的提取，为人类健康检测、药物输送、医疗诊断提供了可靠的技术支撑[47]。该分离系统的分离原理图和实物照片如图 1-1（b）所示。基于声波的颗粒分离技术虽然在解决一些问题中具有良好的表现，但是芯片的加工过程比较复杂，成本较高。此外，该技术的运行还依赖于流体聚焦技术和复杂的外围设备。

（2）基于磁场力颗粒分离技术

磁场分离技术是在磁场作用下，磁性颗粒或被磁性标记的非磁性颗粒受到不同的磁力作用，表现出不同的运动状态进而实现颗粒分离的一项技术[37,38]。颗粒受到的磁场力与颗粒本身的尺寸和磁化率有很大的关系[48]。基于磁场力的分离技术可以用于不同尺寸和不同磁化率的颗粒分离，也可以解决磁性颗粒和非磁性颗粒的分离问题，同时能将磁性颗粒标记于细胞，实现靶细胞的提取[49-51]，如图 1-2 所示。

在 2004 年，Andreas Manz 团队开发了一个在连续流中进行磁性颗粒分离的微流控平台，该平台的工作原理如图 1-2（a）所示。不同磁性的颗粒从入口处被注射入通道内，随着分离缓冲液一起进入中间的分离腔室内，分离腔室中设置了一个非均匀的磁场。超顺磁颗粒在非均匀磁场作用下被磁化，受到一个

Y 轴方向的拖拽力，而没有磁性的颗粒不会受到影响，继续沿着原有运动轨迹前进，从而实现磁性颗粒分离。该团队利用该平台实现了不同磁性和不同尺寸的颗粒和团聚物的分离。该技术在免疫检测和微全分析系统方面具有巨大的应用潜力[52]。在 2006 年，Vicki L.Colvin 在 *Science* 上报道了一种利用低磁场梯度进行纳米四氧化三铁结晶的分离，并采用该方法成功实现了 4 nm 和 12 nm 的四氧化三铁晶体的分离，为淡水的净化和复杂混合物的分离提供了一种有效的方法[54]。2012 年，美国东北大学的 Shashi K.Murthy 团队，用磁性颗粒去标记细胞，利用磁场力成功地将乳腺癌细胞(MCF-7)从血液中提取出来[53]，他们的分离原理的示意图如图 1-2(b)所示。基于磁场力的颗粒分离技术虽然在一些情况下具有出色的表现，但是它们存在一定的局限性，如操作对象必须具有磁性或被磁性标记[37, 49, 50]。

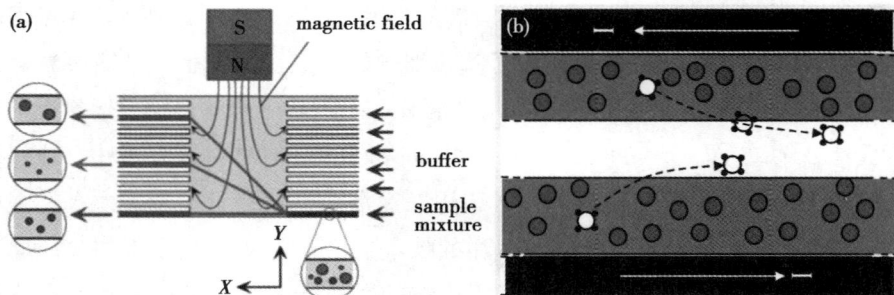

图 1-2　基于磁场力的颗粒分离技术

(a)磁性颗粒的分离系统[52]；(b)乳腺癌细胞的提取[53]。

(3)基于光辐射力颗粒分离技术

当光通过一个物体的时候，光子势能将发生变化。由牛顿第三定律可知，由于光势能的变化将会给物体施加一个辐射力[55-57]，这个力是非接触式的，对目标物体没有伤害，因此该技术在操纵和分离生物样本方面是一个非常宝贵的工具。2005 年，Philippe J. Marchand 团队开发了一套利用光辐射力进行单个细胞分离的系统[58]，系统的组成和工作原理如图 1-3(a)所示。通过流体聚焦的方式，将细胞聚集为一条纤细的粒子束，经过分离区域，对细胞施加光辐射力，将细胞引导至预设的出口[55]。接着，有很多科学家致力于基于光辐射力颗粒分离技术的研究，其中 Sang Soo Kim 在 2008 年利用光辐射力开发了一个实时且连续的颗粒分离平台，从实验的角度证明了光辐射力在颗粒分离方面的可行性，他们的实验平台和实验过程的照片如图 1-3（b）所示[59]。此外，该团队通过解析动力学方程去预测颗粒的运动轨迹，计算结果和实验结果具有很好的一致性。虽然利用光辐射力可以通过非接触的形式进行颗粒操纵，实现精准的分离，但是该技术不适合大量样本的分离[56]，并且该技术所需设备价格昂贵。

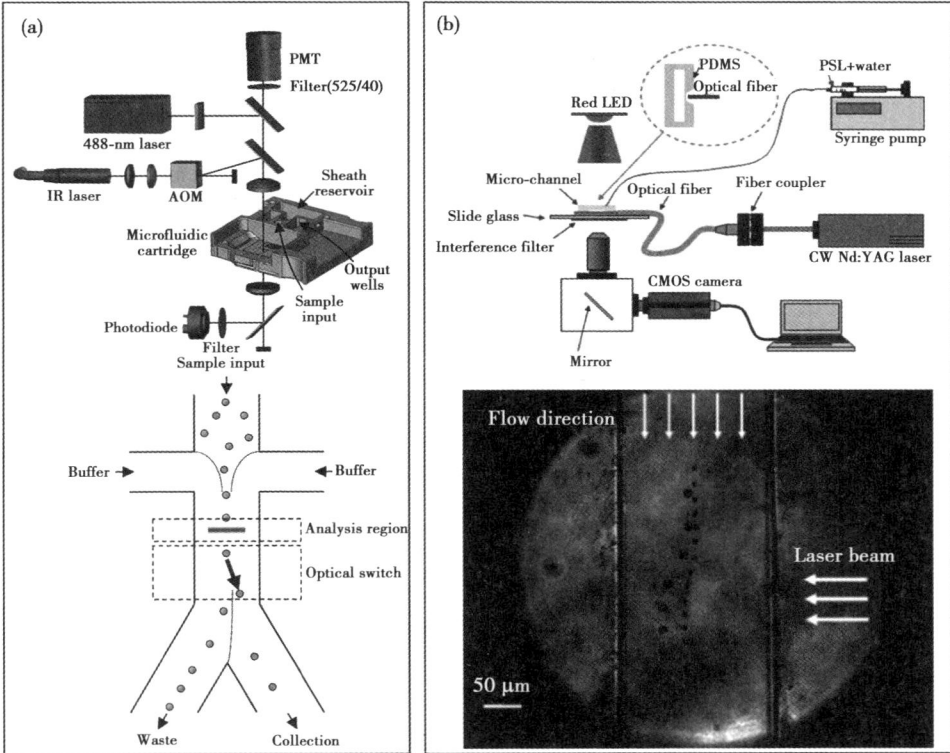

图 1-3 基于光辐射力的颗粒分离技术

（a）基于光辐射力的单细胞分离系统[55,58]价格昂贵；（b）基于光辐射力的颗粒连续分离[59]。

（4）基于介电泳力颗粒分离技术

微纳米尺度颗粒非均匀电场中，自由电荷和束缚电荷聚集在颗粒和分离溶液的界面上，形成电动偶极子[60]。当颗粒比溶液的极化特性强的时候，颗粒在非均匀电场中受到正 DEP 力，向电场强度大的方向运动[40,61-63]。如果颗粒比溶液的极化特性弱，颗粒受到负 DEP 力，向电场强度小的方向运动。根据颗粒运动轨迹的差异进行分离[64]。很多科学家提出了基于 DEP 的颗粒分离芯片[59,65,66]，如图 1-4 所示。2005 年加利福尼亚大学的 Hyongsok T.Soh 团队利用介电泳现象实现了特殊标记的细胞的高通量分离[40]。2011 年新加坡南洋理工大学的 Chun Yang 教授团队利用银和 PDMS 的混合物开发了三维电极和实现细胞和颗粒介电表征和芯片的分离[67]。芯片的组成和工作原理如图 1-4(a)所示。该系统利用交流电信号在通道内部产生非均匀的电场,实现了死细胞和活细胞的分离。

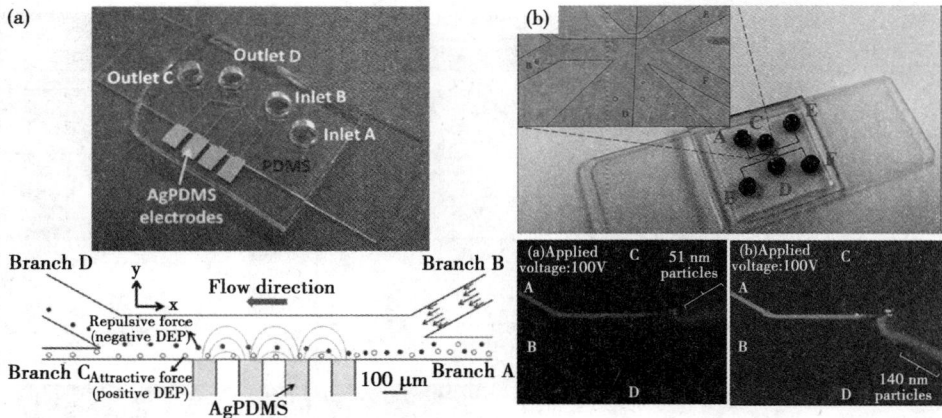

图 1-4　基于介电泳力的颗粒分离技术

(a)交流电场激发的介电泳颗粒分离[67]价格昂贵;(b)直流电场激发的介电泳颗粒分离[41]。

2016 年,滑铁卢大学的 Dongqing Li 教授,利用纳米尺寸的缝隙重新塑造了直流电激发的电场,在微通道中形成了明显的电场梯度,实现了纳米尺度的颗粒的分离[41],如图 1-4(b)所示。这些芯片虽然在解决一些特定问题的时候具有很好的效果,但是该技术严重依赖于操作复杂的流体聚焦技术,并涉及了体积庞大且复杂的外接设备[41, 61, 64]。此外,该技术在处理细胞时,容易出现细胞粘电极现象。

1.2.1.2　被动式颗粒分离的研究现状

被动式颗粒分离技术是利用流体惯性诱导的水动力施加于颗粒上,对样本进行高通量、高效地处理[19, 68, 69]。2007 年,Di Carlo 团队首次提出被动式颗粒分离的概念,到目前为止,用于被动分离的装置已经被广泛开发。被动式分离技术包括惯性分离[68-72]、微结构阵列[73, 74]等。在该部分,本书将从这些分离技术的原理、特点、成本等方面进行分析比较。

(1)惯性分离装置

在惯性迁移和通道内的二次流的作用下,颗粒被输送到或被捕获到特定的位置。颗粒在通道内受到两个力的作用:①剪切梯度诱发的对颗粒的提升力

F_{LS}，它引导颗粒远离通道的中心位置；②墙壁诱导的提升力 F_{LW}，它是颗粒与通道壁面相互作用的结果，它引导颗粒远离通道壁面。在 F_{LS} 和 F_{LW} 的平衡作用下，颗粒在通道内产生了纵向迁移[75]。二次流的方向垂直于轴向流速方向，它一般产生于复杂的通道，如弯曲通道、涨缩通道、具有扰乱障碍物的通道等。二次流能够打破惯性提升力（F_{LS} 和 F_{LW}）的平衡，并对颗粒施加一个黏滞阻力，对颗粒在通道内平衡位置进行改进，使颗粒以更快的速度到达平衡位置[75]。根据通道的结构，惯性分离装置可以分为四类：直线形通道[76, 77]、螺旋形通道[36, 78]、蜿蜒形通道[79] 和涨缩结构通道[75, 80, 81]。随着加工技术的提高，通道形状和截面的形状都被演变成更多的形式，使得惯性分离技术在生物、医疗和工业领域具有更广阔的应用[75, 82]。微结构阵列分离装置是在流体通道中设置很多微米尺寸的障碍物，根据颗粒尺寸或变形特性进行提取的。

①直线形通道。

在直线形通道中，只有纵向迁移对颗粒的运动能产生作用。在剪切梯度和墙壁诱导提升力的作用下，颗粒产生迁移[70, 83]。当直线形通道的截面发生演变时，颗粒的平衡位置也将发生变化[76, 77]，如图1-5（a）所示。如果通道的截面为圆形，颗粒通过纵向迁移被平衡在一个环形的位置，环形的半径是通道半径的0.6倍[75]。如果通道的截面形状被演变为正方形，由于边界偏角对速度的影响和压力的扰动，颗粒的平衡位置有4个，分别位于靠近4个墙壁的中点位置。如果将通道的截面形状演变为矩形，短边处剪切梯度诱导的提升力远大于长边中点处的提升力，该种配置通道的平衡位置只位于短边中点位置[77]。为了产生二次流，科学家在通道内设计了很多局部结构（如微柱、斜脊、斜槽等），去实现样本的连续和高通量的分离[76]。

②螺旋形通道。

在螺旋形通道中，不仅存在惯性纵向迁移，而且会有二次流或Dean流的产生，这样不仅改进了颗粒纵向迁移的过程，而且对颗粒的平衡位置进行了调整[86]，如图1-5（b）所示。螺旋形惯性分离装置，不仅可以缩短通道的长度，也可以减小芯片的空间尺寸[78]。颗粒在螺旋形通道中运动时受到惯性提升力和Dean拖拽力的作用。由于惯性提升力的作用，颗粒向通道中的平衡位置发生迁移，而在Dean拖拽力作用下，颗粒趋向于沿着对称漩涡的流线运动。通常可用公式 $R_f = a^3 R / D_h^3$ 去判断颗粒的运动状态[75]。如果 R_f 趋近于0，颗粒的运动将被Dean拖拽力主宰，最终被捕获进Dean漩涡中。相反，如果 R_f 无穷大，

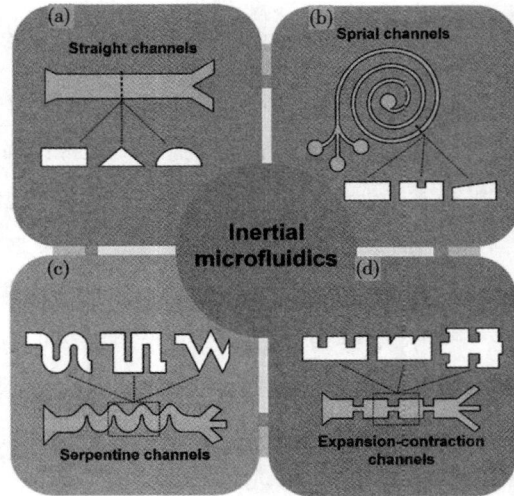

图 1-5　惯性分离技术的典型代表[75]

(a)直线形通道[77, 84]；(b)螺旋形通道[85, 86]；(c)蜿蜒形通道[79]；(d)涨缩结构通道[80]。

颗粒的运动状态将受到惯性提升力的主宰，它们最终停留在和直通道一样的平衡位置。如果 $R_f \geqslant 0$，颗粒将稳定在被 Dean 漩涡改进后的平衡位置。不同样本在螺旋形通道中受到的作用力不同，使得它们产生不同的运动轨迹，可以实现良好的分离效果[82, 87]。为了调制二次流，研究人员在螺旋形通道内设计了很多微型结构，比如鱼骨形的犁槽和锯齿形的通道壁面。这样的结构能增大二次流的速度，从而提高对颗粒的拖拽力，改善颗粒分离效果。还有一些学者通过改变螺旋形通道截面的形状去调制二次流漩涡[85]。他们把通道截面设计成梯形，改变了二次流的形貌，调整了颗粒在通道的平衡位置，并用这样的结构成功地实现了血液中白细胞和循环肿瘤细胞的提取[88, 89]。

③蜿蜒形通道。

蜿蜒形通道是通过连续连接曲率变化的通道去产生 Dean 漩涡流[90]。蜿蜒形通道由很多弯曲单元组成，一些科学家通过研究颗粒在不同弯曲角度的蜿蜒形通道中的运动去解释颗粒分离的原理[79]，如图 1-5(c)所示。他们发现通过增大弯曲角度可以提高装置的分离效率。Y.N.Zhou 等人利用 4 个半圆形设计了一种反向波浪序列结构，去激发反向 Dean 漩涡从而实现颗粒的无鞘分离。该技术能够根据细胞的尺寸将癌细胞从人的血液中提取出来。还有很多学者对蜿蜒形通道的基本单元的形状进行了研究，比如半圆形通道可以被矩形通道代替。在改进后的通道内，当颗粒的尺寸大于一定的临界值时，颗粒在离心力、

10

Dean 拖拽力和惯性提升力的综合作用下，被聚集在通道中间的位置。但是尺寸较小的颗粒沿着通道两侧运动，因为它们的运动被惯性提升力主导。近些年，蜿蜒形通道的基本单元被方形和三角形取代，通过数值模拟的方式研究了这些结构的分离性能，并发现，截面为三角形的蜿蜒形通道比其他配置的通道具有更加出色的表现[91]。

④涨缩结构通道。

涨缩结构通道是由宽和窄的腔室交替排列组成的，该结构能够形成对流的二次流[19, 80, 92]，如图 1-5(d)所示。当一股流体通过宽腔室和窄腔室交替出现的通道时，在离心力的作用下，在通道截面位置产生与 Dean 漩涡流类似的旋转流体流动，同时在通道的水平面上也产生了这样的漩涡[93]。这样，在宽窄腔室交替出现的通道内出现了多漩涡分布，在漩涡的反复作用下，对颗粒具有很好的分离效果。该技术被成功地应用于乳腺癌细胞的提取[80]。在常见的涨缩结构通道的基础上，一些科学家通过改变涨缩结构的形式研究了颗粒运动情况的改变，实现了一些特定的功能[94]。Song 等人将宽腔室和窄腔室在厚度方向倾斜了一个角度，能够使颗粒在高速和低速流体中到达平衡位置[75, 95]。L. L. Fan 等人利用非对称的锐化尖角去构造突然收缩、逐渐扩张的腔室结构，产生离心力，使得颗粒产生纵向位移，远离尖角位置。基于该原理，他们实现了颗粒的聚集与分离[96]。

(2)微结构阵列分离装置

微结构阵列分离装置中微结构最常见的有微柱和微孔结构，并且这种过滤器的分离效果主要受到流体流速的影响。Mohamed 团队设计了如图 1-6(a)所示的障碍物的间隙不断缩小的过滤装置，在该过滤装置出口位置能够获得尺寸小的目标颗粒。该团队利用该技术成功实现了循环肿瘤细胞的分离[97]。Fan 等人开发了 PDMS 薄膜，该薄膜上分布着尺寸精准、大规模的微孔结构，如图 1-6(b)所示。该薄膜结构可以方便地与其他微流控芯片进行集成，不需要任何修饰就能够实现循环肿瘤细胞的高效分离[97]。确定性横向位移(deterministic lateral displacement, DLD)颗粒分离装置是利用了当颗粒的尺寸超过临界尺寸后，与微柱体发生碰撞，将会产生纵向位移，尺寸小的颗粒能够从微柱体阵列的间隙通过，沿着原来的运动轨迹前进的原理。DLD 分离装置在工作过程中，微柱结构和材料、流体状态和样本属性均会对分离效果产生影响[98]，如图 1-6(c)所示。

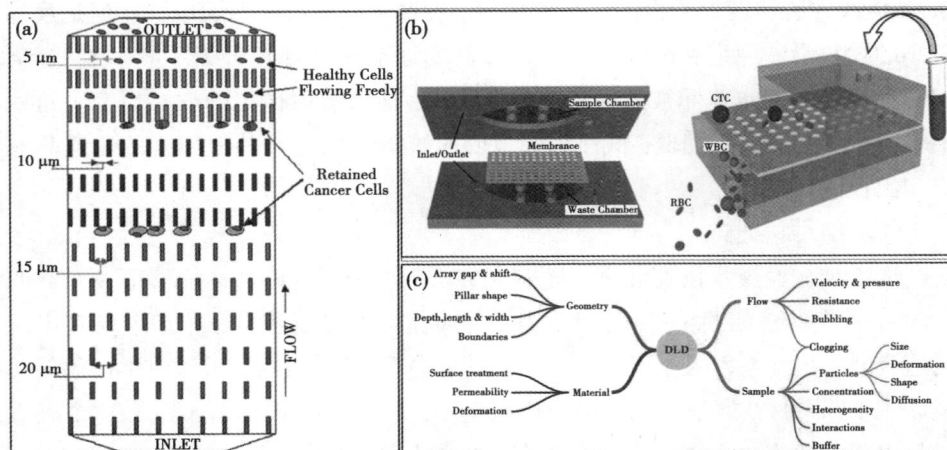

图 1-6 微结构阵列颗粒分离方法

（a）微柱阵列过滤装置[97]；（b）PDMS 薄膜过滤器[97]；（c）确定性横向位移颗粒分离技术[98]。

1.2.2 诱导电荷电渗漩涡的研究现状

诱导电荷电渗漩涡一般产生在位于两个激发电极中间的悬浮导体表面。在激发电极产生的电场的法向分量作用下，溶液中的阴阳离子沿着或逆着电场线运动到导体表面[99, 100]。在 RC 弛豫时间之后，由于静电吸引和热扩散的平衡作用，在导体和电解液的界面上形成了一个稳定的感应双电层。在感应双电层的屏蔽作用下，电场的法向分量不能穿进导体，在导体附近只有切向电场分布[101]。此时，导体成为一个理想的绝缘体。扩散层中的偶极反离子在切向电场的驱动下，产生切向滑移，引起体相流体的运动，产生流体漩涡[102]。目前很多学者对 ICEO 漩涡的机理和应用开展了大量研究。

（1）微流体混合

流体的快速混合在微流控领域有着重要的应用。因为微流体的惯性可以忽略，流体的混合只能依靠扩散效应。混沌对流是对流体进行混合的一种非常有潜力的方法，并且很多技术被开发出来去产生漩涡流。ICEO 漩涡能够通过简单的方式产生，在流体混合方面具有巨大的潜力。图 1-7（a）展示了混合器的一种形式，在两个激发电极中间分布了很多导体微柱，电场垂直于微柱和轴向流体分布。由于电场的作用，在流体中产生了 ICEO 对流漩涡阵列，能够实现流体的混合。图 1-7（a）还展示了另外一种形式的 ICEO 混合器，激发电极和悬浮电极均分布于通道同一侧。在电场的作用下，双极性电极附近能够产生ICEO 漩涡流，能够迅速推动墙壁附近的流体，实现流体的充分混合，减小流体混合的盲区，提高混合效率[102]。

（2）微流体泵送

ICEO 漩涡的对称性使它能够轴向吸引微流体并以放射形式释放出来。利用导体圆柱周围对称的 ICEO 漩涡开发微泵，实现拐角结构处的微流体泵送，如图 1-7（b）所示。除此之外，如果将通道中的导体微柱与一个激发电极耦合，使它具有一个固定电势，导体圆柱体附近的对称 ICEO 漩涡被加强，流体泵送速度得到明显的提高[102]。

（3）微流体阀门

Dongqing Li 教授开发了一个用于流体流动方向控制的微阀门，该微阀门由一个 Janus 微球组成，该微球一侧导电，另一侧不导电，并将该微球放入多个通道的连接处[99]。Janus 微球的导电侧在电场作用下产生电渗漩涡。在漩涡的推动作用下，Janus 微球向各个通道口位置运动去堵住通道的入口。如果改变电场的方向，Janus 微球的运动方向发生改变，运动到不同的通道入口处并阻挡流体的流动。基于该原理，Dongqing Li 教授团队开发了一个控制流体流动方向的微阀门，具体实施方案如图 1-7（c）所示。

（4）液晶中的电渗流

当很多人认为电渗流只能产生在电解质水溶液中时，Oleg D. Lavrentovich 团队研究了有机介质中的电渗流，实验证明了电导率各向异性的液晶中能够产生电渗流。液晶中电渗流的机理与常规的电渗流机理不同，它源于扭曲空间电荷[103]。电场作用在电荷上，诱导产生了液晶电渗流，如图 1-8（a）所示。并且流体的运动速度与电场强度的平方成正比，能够用交流电场驱动，避免了电极的损坏。液晶中的离子电流给各种各样的应用提供了更加广阔的平台，如液晶电动流体力学、微泵、微混合器等。

（5）样本浓缩

2015 年，哈尔滨工业大学任玉坤教授团队首次将 ICEO 漩涡应用于微尺度颗粒的操纵领域[101, 104]。该团队通过调节外加电场，将微尺度样本浓缩在ICEO 漩涡的流体停滞区域内。在后续工作中，他们又将场效应晶体管引入ICEO 漩涡模型中，对 ICEO 漩涡进行了重塑，能够对 ICEO 漩涡的流体停滞区进行调整，实现了颗粒样本在悬浮电极上聚集位置的灵活变换[104]。在此基础

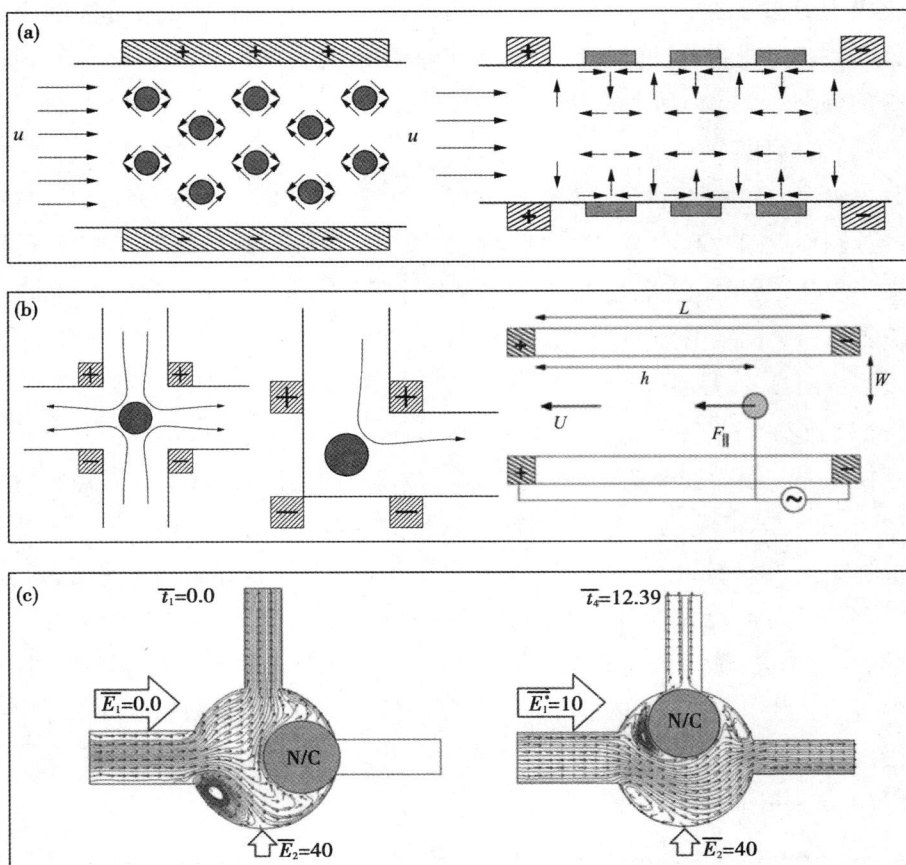

图 1-7 ICEO 漩涡的应用

（a）ICEO 漩涡流驱动的微混合器[102]；（b）ICEO 漩涡流驱动的微泵[102]；（c）ICEO 漩涡流驱动的微阀门[99]。

上，他们总结了双极性电极上施加的电压对颗粒浓缩位置的函数关系[104]，如图 1-8（b）所示。该研究为样本的富集提供了一种便捷可靠的技术。2016 年，任玉坤教授等又研究了颗粒在旋转电场中的运动特性，实现了微纳尺度颗粒的聚集[105, 106]。同时实现了棒状颗粒的操纵，如图 1-8（c）所示。他们从多物理场耦合的角度建立了仿真模型，对样本在旋转 ICEO 漩涡中的旋转聚集行为给出了合理的解释[105, 106]。2019 年，Govind V.Kaigala 等发现了电渗流偶极子，并通过实验进行了复现，且偶极子的强度可以通过调节电极和电解液之间的电压降进行改变。他们进一步研究了电极结构对流体流型的影响，成功地实现了颗粒样本的定向输运[107]，如图 1-8（d）。

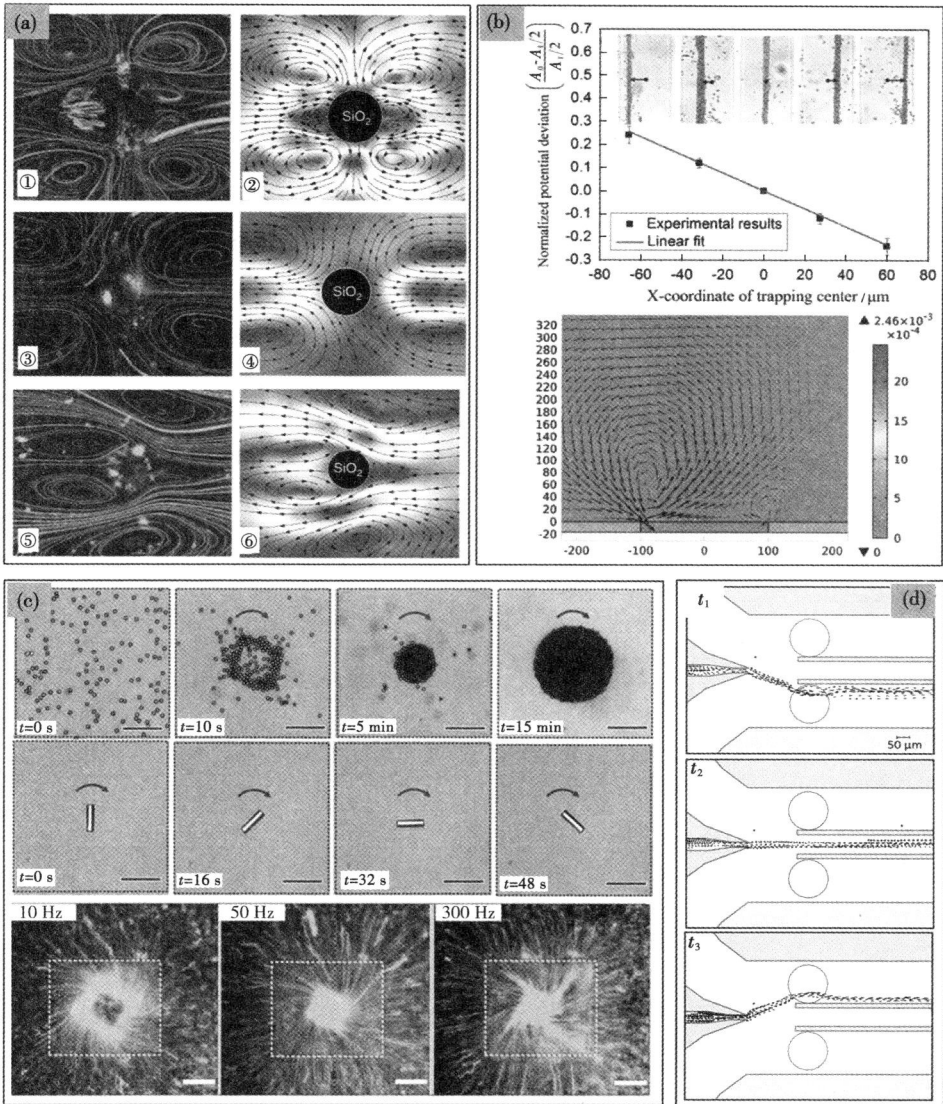

图 1-8　电渗流的发展

（a）液晶中的电渗流[103]；（b）基于场晶体管效应颗粒操纵[104]；（c）旋转电场中的颗粒聚集[106]；
（d）通过调节电势实现颗粒的偏转[107]。

1.2.3 水藻细胞提取技术的研究现状

水藻细胞在近些年引发了越来越多的关注，因为它们能够解决很多领域的重要问题，比如作为生物原料，用于生物燃料的生产[66, 108, 109]，吸收重金属用于污水的治理[110, 111]，构建药物载体系统进行靶向输运[112]。更重要的是，水藻细胞已经被证明具备开发可持续能源的潜力，是解决日益增长的能源消耗与将要枯竭的化石能源之间矛盾的有效方法[52, 85, 108]。因为微藻细胞具有很多优点，如快速的生长率、高油脂含量和强大的耐受能力，并且不同的藻类含有不同的油脂，它们可以直接或者间接地被转化为各种各样的能源产品，以满足日益增长的能源需求[109, 113, 114]。但是，获得理想藻类能源的一个非常重大的挑战是在各种各样的藻类细胞中利用分离技术提取纯净的优质藻种细胞。此外，在藻类细胞培养和收集的时候，它们容易被细菌污染，造成藻类能源产品的产量下降。遇到这种情况，在后续培养之前将藻类细胞从有害的细菌中提取出来是解决问题的有效手段。针对上述问题，很多技术被应用到藻类细胞的分离方面。

稀释技术虽然是最早用于藻类细胞提取的方法，但是该技术在提取数量较少的微藻样本时表现出明显的局限性，且在操作的过程中容易导致藻类细胞失活[115]，如图 1-9(a) 所示。除此之外，稀释技术也需要花费时间和金钱去培养有经验的专业人员去完成藻类细胞的提取。截面为梯形的螺旋形通道可以实现藻类细胞的有效提取，如图 1-9(b) 所示，但是该技术在处理不同藻类样本时通道结构参数需要做相应的调整，还需要重新设计和加工芯片，工作繁重[74, 85]。流式细胞仪器也是实现藻类细胞提取的有效方法，但是该设备价格比较昂贵[116]，如图 1-9(c) 所示，并且在处理成链或者成簇的微藻样本时该方法的分辨率将会受到明显的影响[52, 116]。DEP 分离方法在微藻细胞分离方面具有出色的表现，可以实现不同形态海水和淡水微藻的高效筛选，如图 1-9(d) 所示。值得注意的是，高频电场的作用下藻类细胞会形成细胞链或者在电极上黏附，对细胞纯度和数量造成影响[116]。虽然 DEP 分离技术不会受到海藻细胞形状和大小的约束，但在电特性相似微藻细胞的筛选方面存在一定的局限性。因此，非常有必要研究高分辨率且经济的微藻细胞分离方法。

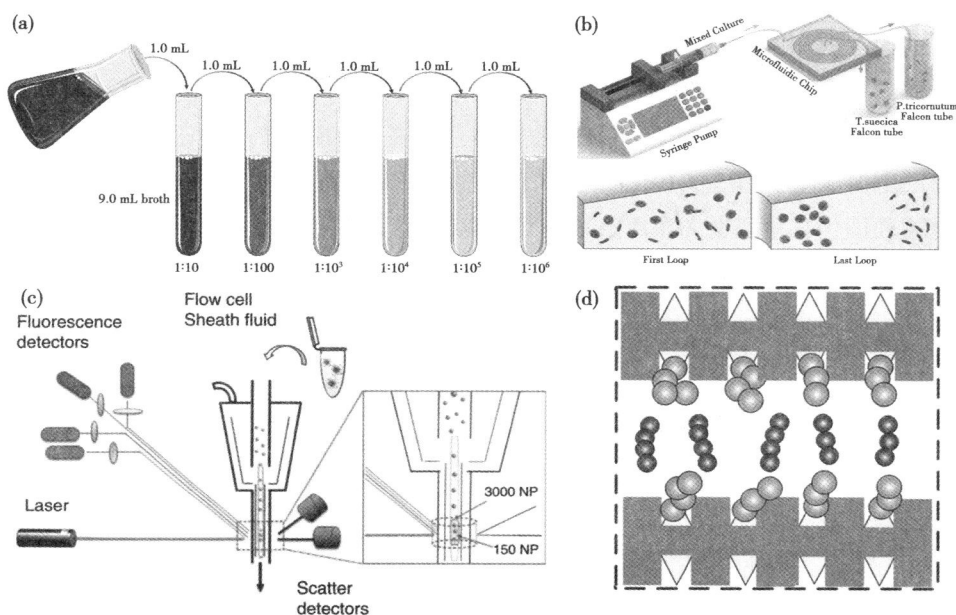

图 1–9 当前藻类提取的技术

(a)稀释技术[116];(b)螺旋形通道分离[85];(c)流式细胞仪器[116];(d)介电泳分离方法[115]。

1.2.4 氧化石墨烯小球应用的研究现状

作为应用材料,褶皱结构的微纳米尺度氧化石墨烯小球比薄片结构具有更出色的优点[117, 118],比如较大的比表面积[33]、优异的摩擦性能[119]和抗聚集特性[120]。褶皱结构的氧化石墨烯小球在很多领域有重要的应用,比如能量存储[120]、能量转换[33]和润滑添加剂制作[119]等。氧化石墨烯颗粒的加工过程和一些具体应用案例,如图 1-10 所示。氧化石墨烯小球是由二维氧化石墨烯薄片通过气溶胶辅助毛细管压缩法[121]、热喷涂[122-125]等工艺进行褶皱处理后获得,如图 1-10(a)所示。褶皱结构的氧化石墨烯小球在厚度方向具有较大的电导率和较大的表面积,它们被用作电极修饰材料,改善微生物燃料电池的性能[33],如图 1-10(b)所示。

氧化石墨烯小球被用来包裹硅纳米颗粒从而改善锂电池电极的多项性能,比如容量、循环稳定性、库仑稳定性等[117]。由于氧化石墨烯小球独特的结构和抗聚集的特性，它对较宽波段范围的太阳光具有高效的吸收效果[118]。对波长为 350~2500 nm 的光的吸收效率大于 96%，并且使氧化石墨烯小球自身的温度被提高到 800 ℃。该性能使得氧化石墨烯小球在太阳能蒸馏、太阳能产热装置和太阳能热存储装置开发方面具有巨大的潜力[118]，如图 1-10(c) 所示。除此之外，由于褶皱的氧化石墨烯小球具有稳定的形态、优异的应变硬化和抗聚集性能，它们被用来做润滑剂的填充剂解决摩擦问题[119]，如图 1-10(d) 所示。

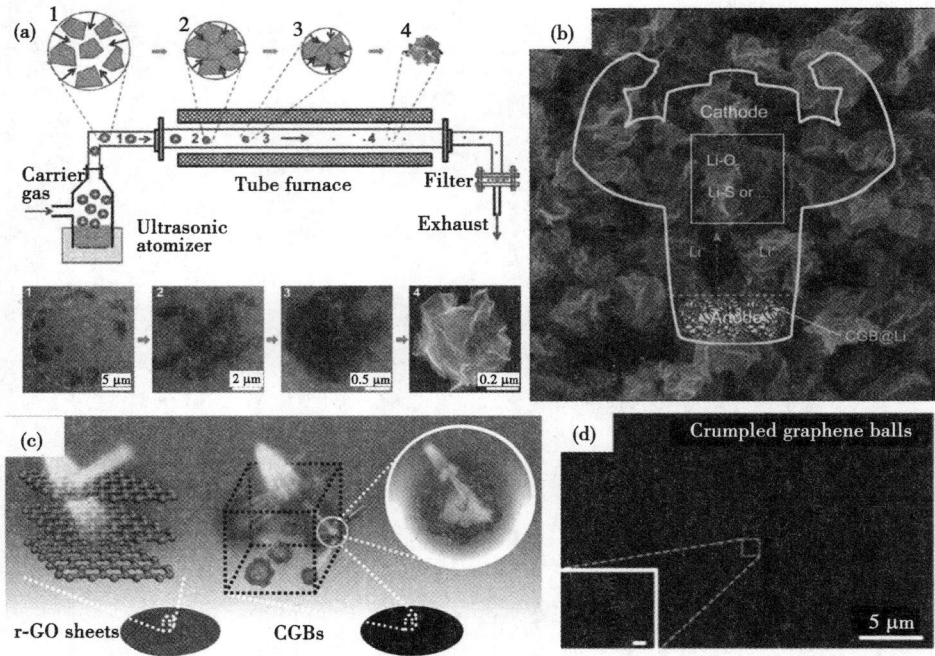

图 1-10　氧化石墨烯的加工过程和应用

(a) 基于气溶胶辅助毛细管压缩氧化石墨烯小球加工过程[121]；(b) 氧化石墨烯改进的锂电池[33]；
(c) 基于氧化石墨烯的太阳光吸收器[118]；(d) 氧化石墨烯小球的润滑效果[119]。

值得注意的是，氧化石墨烯小球的尺寸分布对其在上述应用中的性能具有重要的影响。如果用尺寸确定且均匀的氧化石墨烯小球去加工功能性器件或者去改进现有的装置，就会使得产品性能的可控性和功能性得到明显的改善。到目前为止，加工尺寸均匀的氧化石墨烯小球仍然是一个巨大的挑战。一个重要原因是提取尺寸均匀的氧化石墨烯薄片 (加工氧化石墨烯小球的原料) 也是一个亟待解决的难题[126]。除此之外，在加工过程中，氧化石墨烯小球的尺寸会受到压力、温度、浓度等因素的影响。因此，很有必要找一个合适的办法去获得尺寸确定且均匀的氧化石墨烯小球。凭借一种可靠的分离方法将加工出来的氧化石墨烯小球进行分离，筛选出尺寸确定且均匀的小球是解决上述难题的一种可行的办法。

◆◇ 1.3 本书的主要研究内容

颗粒分离是解决许多重要问题中一个必不可少的步骤，比如预处理化学样本以提高反应的准确性，提取有潜力的藻种细胞以获得高质量的油脂，筛选功能性材料用来加工高性能的太阳能电池等。基于漩涡的颗粒分离技术具有非接触、易激发等优点，在解决技术难题方面具有较大的潜力。但是当前基于漩涡的颗粒分离技术不能灵活地调控，在处理新的样本时，面临着重新设计和加工等问题。利用灵活可控的 ICEO 漩涡开发分离技术不仅能够继承当前漩涡分离技术的优点，而且可以克服它们的局限性。本书首次将 ICEO 漩涡应用于颗粒分离领域，并开展实验和应用研究，主要研究内容如下。

① 从双电层充电动力学和 Maxwell-Wagner 界面极化出发，研究不同形式的颗粒样本在 ICEO 漩涡中极化特性和受力情况，建立 ICEO 漩涡分离颗粒样本的数学模型，研究颗粒在 ICEO 漩涡中的运动轨迹，分析电场幅值、频率，颗粒的密度、尺寸和介电特性对运动轨迹的影响，数值模拟对称和非对称 ICEO 漩涡分离不同密度和不同尺寸颗粒的分离过程，揭示基于 ICEO 漩涡的颗粒分离机理。

② 研究 ICEO 漩涡的颗粒调控规律和分离性能。设计并加工激发对称和非对称 ICEO 漩涡的微流控芯片，搭建 ICEO 漩涡颗粒分离平台。研究 ICEO 漩涡对颗粒电动平衡状态(electrokinetic equilibrium state，EES)的参数调控规律。证明对称和非对称 ICEO 漩涡进行颗粒分离的可行性，并研究对称和非对称 ICEO 漩涡在分离不同密度和不同尺寸颗粒的性能，以及工作参数对分离性能的影响。

③ 提出基于 ICEO 漩涡的微藻筛选方法。开发渐远式对称 ICEO 漩涡，克服分离过程中细胞粘连的影响。通过瞬间分离和混合两种颗粒验证该分离方法的灵活性。验证 ICEO 漩涡对操纵尺寸较大的颗粒的适应性。研究对称 ICEO 漩涡对颗粒电动平衡状态的调控规律，并实现纳米颗粒的分离。通过研究对称

ICEO 漩涡对小球藻细胞电动平衡状态的调控规律，实现对油脂含量较高的小球藻细胞的提取。利用该方法可以提取中性油脂含量较高的卵囊藻细胞，提取单核卵囊藻细胞，并通过调节参数，对特定核数卵囊藻细胞进行提取。基于双电层充电效应提出了一种平行诱导电荷电渗漩涡颗粒分离方法，实现硅藻细胞的高通量提取，并利用阻抗方法成功实现了硅藻细胞增殖过程的阻抗信息变化。

④ 通过将非对称 ICEO 漩涡演变，提出多种颗粒的同时分离方法。通过设计 TARFES 去激发循环非对称 ICEO 漩涡，并根据流场分布特点研究颗粒在不同电动平衡状态和相同电动平衡状态两种模式下的分离规律，验证该漩涡方法的适应性。在实验证明相同电动平衡状态颗粒分离可行性的基础上，研究电压、流速、样本浓度比例对分离效果的影响。验证相同电动平衡状态颗粒分离的可行性，并研究多种因素对分离效果的影响规律，实现三种颗粒同时分离。基于迁移特性的表征，将循环非对称 ICEO 漩涡分离方法应用于多尺寸氧化石墨烯小球的筛选，并通过进一步调节参数，实现纳米氧化石墨烯小球的筛选。

2 基于诱导电荷电渗漩涡的 颗粒分离机理

◆◇ 2.1 引言

由于 ICEO 漩涡具有出色的调控性和重塑性，有望利用该漩涡开发可以灵活调控的漩涡分离技术，克服当前漩涡分离技术的局限性，实现复杂状态颗粒的有效分离。但是颗粒在 ICEO 漩涡中运动时，不仅受到漩涡拖拽力的作用，还伴有 Maxwell-Wagner 界面极化，同时受到自身表面电荷与双电层电荷的静电互动力及重力作用。并且不同形式的颗粒样本受到的上述作用力也存在较大的差异。目前，对实际工程应用中的颗粒样本 [如细胞群体 (卵囊藻细胞)[127]、纳米尺寸颗粒[41]等] 在 ICEO 漩涡中运动受力情况还没有系统的研究。然而，该类颗粒样本在缓解能源危机[70]、加工高性能电子器件等领域具有重要的应用[107]。基于该现状，本章从双电层充电动力学和颗粒 Maxwell-Wagner 界面极化出发，分析不同形式颗粒样本在 ICEO 漩涡中运动的受力情况，建立 ICEO 漩涡分离颗粒的物理模型。研究颗粒样本在对称和非对称 ICEO 漩涡中的运动特性，分析电压幅值、频率，颗粒直径、密度和介电特性对颗粒运动轨迹的影响。通过数值仿真研究对称和非对称 ICEO 漩涡基于尺寸差异和基于密度差异的颗粒分离过程，进一步揭示基于 ICEO 漩涡的颗粒分离机理，为后续的实验研究奠定理论基础。

◆◇ **2.2 诱导电荷电渗基本理论**

2.2.1 诱导双电层微观分析

当悬浮导体表面与电解液接触的时候会产生静电荷或表面电势。如果电解液中具有相同浓度的阴阳离子，溶液整体展示出电中性。固体表面的电荷将会吸引溶液中的补偿离子。由于静电吸引作用，靠近悬浮导体表面位置补偿电荷的密度比较大，而距离固体表面比较远的位置，补偿电荷密度比较小。由于静电排斥作用，靠近固体表面位置的、同种离子的密度比电解液中要小很多。由于过剩补偿电荷的作用，在接近悬浮导体表面的位置存在一定的净电荷。这些净电荷将会被悬浮导体表面的电荷平衡掉。带电表面和流体层存在平衡离子，这层被称为双电层。在靠近固体表面，有一层离子被紧紧地吸引在悬浮导体表面，不能移动，该层被称为致密层，如图 2-1 所示。从致密层到体相溶液中，净电荷密度呈现出减小的趋势，直至为零。在致密层附近，离子依然受到静电互动的作用，但是可以运动，该位置通常被称为扩散层。通常情况下，用 Possion-Boltzmann（P-B）方程描述扩散层中离子分布和电势之间的关系。扩散层的厚度受到离子浓度和液体的介电特性的影响。根据静电学理论，电势与双电层任意一点局部净电荷体密度关系可以用 Poisson 方程进行描述[128]：

$$\nabla^2 \psi_e = -\frac{\rho_e}{\varepsilon_m} \tag{2-1}$$

式中：ψ_e——局部电势（V）；

ρ_e——局部净电荷密度（C/m^2）；

ε_m——溶液的相对介电常数。

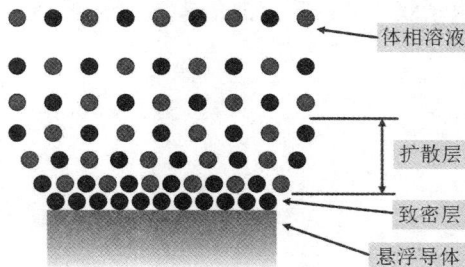

图 2-1 双电层示意图

电解液中第 i 种离子浓度在双电层中的分布可以用平衡的 Boltzmann 分布进行描述，如式(2-2)所示[129]：

$$n_i = n_{i\infty} \exp\left(-\frac{z_i e\psi}{k_b T}\right) \tag{2-2}$$

式中：$n_{i\infty}$——体相离子浓度(mol/L)；

　　　z_i——第 i 种离子的化合价；

　　　e——质子的电荷量，$e = 1.6 \times 10^{-19}$ C；

　　　k_b——玻尔兹曼常数，$k_b = 1.38 \times 10^{-23}$ J/K；

　　　T——绝对温度(K)。

在阴阳离子非对称的溶液中，静电荷的体密度与阴阳离子的浓度差成正比，用 Boltzmann 分布描述，可以表示为[129]：

$$\rho_e = ze(n_+ - n_-) = -2zen_{i\infty} \sinh\left(\frac{ze\psi}{k_b T}\right) \tag{2-3}$$

式中：n_+——阳离子浓度(mol/L)；

　　　n_-——阴离子浓度(mol/L)；

　　　z——阳离子或阴离子的化合价。

在阴阳离子对称的电解液中，体电荷密度可以用 Boltzmann 分布表示[102]：

$$\rho_e = \sum z_i e n_i = e\sum z_i n_{i\infty} \exp\left(-\frac{z_i e\psi}{k_b T}\right) \tag{2-4}$$

很明显，当 $z_i = z$ 是一个常数时，式(2-4)退化为式(2-3)。将式(2-3)代入式(2-1)中，就得到了众所周知的 P-B 方程：

$$\nabla^2 \psi_e = \frac{2zen_0}{\varepsilon\varepsilon_0} \sinh\left(\frac{ze\psi}{k_b T}\right) \tag{2-5}$$

联合式(2-4)和式(2-1)可以得出另外一种形式的 P-B 方程：

$$\nabla^2 \psi_e = -\frac{e}{\varepsilon\varepsilon_0} \sum z_i n_{i\infty} \exp\left(-\frac{z_i e\psi}{k_b T}\right) \tag{2-6}$$

如果将 Debye-Huckel 参数定义为 $k^2 = 2z^2 e^2 n_\infty / \varepsilon_m k_b T$，并且定义无量纲电势为 $\overline{\psi}_e = ze\psi / k_b T$，P-B 方程可以写为：

$$\nabla^2 \overline{\psi}_e = k^2 \sinh\overline{\psi}_e \tag{2-7}$$

联立边界条件能够解出上述式子得出双电层的电势分布无量纲形式 $\overline{\psi}_e$，进而可以得到双电层电势分布 ψ_e 和局部电荷的分布 ρ_e。

2.2.2　悬浮导体表面诱导电荷电渗漩涡的数学模型

根据 2.2.1 的诱导双电层的微观分析，双电层的形成过程与平行板电容器充电过程相似，故将致密层和扩散层等效为两个串联起来的平行板电容器，因此双电层等效的电容可以表示为[104]：

$$C_e = \frac{C_D C_S}{C_D + C_S} = \frac{1}{1+\delta} C_D \tag{2-8}$$

式中：C_D——致密层电容值；

C_S——扩散层电容值；

δ——致密层电容值 C_D 和扩散层电容值 C_S 的比值，即 $\delta = C_D/C_S$。

在电场作用下，悬浮导体中的电子迁移至表面位置，形成偶极子。在法向电场的作用下，电解液中的阴阳离子产生迁移，形成离子电流对双电层进行充电。该过程可以将电解液电阻和扩散层电容等效为一个 RC 电路，在 RC 特征时间 $\tau_{RC} = RC_D/\sigma = \kappa_d R/D$ 之后，双电层充电完毕，达到稳定状态，其中 R 是悬浮导体的特征尺寸，κ_d 是诱导双电层的 Debye 层厚度。在这种情况下，扩散层的电压降 ζ 和电荷密度 q 可以表示为[104]：

$$\zeta = \frac{1}{1+\delta} (\phi_0 - \phi) \tag{2-9}$$

$$q = C_e(\phi_0 - \phi) = \frac{1}{1+\delta} C_e(\phi_0 - \phi) = C_e \zeta \tag{2-10}$$

式中：ϕ_0——导体表面的电势（V）；

ϕ——体相电势（V）。

由电流密度的连续性可得，双电层中的法向位移电流与电解液体相的法向欧姆电流相等，即[102]

$$\sigma(\boldsymbol{n} \cdot \nabla\phi) = C_e \frac{\partial(\phi_0 - \phi)}{\partial t} \tag{2-11}$$

式中：σ——电解液的电导率（S/m）；

$\boldsymbol{n}$——法向单位向量。

在切向电场的作用下，扩散层中的阴阳离子沿着电场线或逆着电场线产生迁移，在悬浮电极表面产生了电渗滑移。根据 Helmholtz 计算得到了导体表面的有效滑移速度[102, 130]：

$$\boldsymbol{u}_s = -\frac{\varepsilon \zeta \boldsymbol{E}_t}{\eta} \qquad (2\text{-}12)$$

式中：η——电解液的黏度（Pa·s）；

$\quad\quad \boldsymbol{E}_t$——切向电场（V/m）。

在这种情况下，双电层表面的电场可以等效为匀强电场，激发电极之间距离通过式（2-13a）计算，电场切向电场的强度通过式（2-13b）计算：

$$d = 2W_g + b + x\tan\theta \qquad (2\text{-}13\text{a})$$

$$\boldsymbol{E}_t = \frac{\partial \phi}{\partial x} = \frac{\phi_L - \phi_R}{d} \qquad (2\text{-}13\text{b})$$

式中：ϕ_L——左侧激发电极上的电势（V）；

$\quad\quad \phi_R$——右侧激发电极上的电势（V）；

$\quad\quad W_g$——激发电极与悬浮导体之间的距离（m）；

$\quad\quad \theta$——悬浮电极两侧边界与 X 轴的角度（°）；

$\quad\quad b$——悬浮电极初始宽度（m）。

根据式（2-9）、式（2-12）、式（2-13），可以推导出悬浮导体表面的电渗滑移速度[100]：

$$\boldsymbol{u}_s = -\frac{\varepsilon_m \zeta \partial \phi}{\eta \partial x} = \frac{\varepsilon_m (\phi - \phi_0)(\phi_L - \phi_R)}{\eta(1+\delta)(2W_g + x\tan\theta + b)} \qquad (2\text{-}14)$$

由于施加的电场为交流电场，为了方便计算，本书将与交流电场相关的变量转化为复振幅的形式[104]：

$$\phi(r, t) = A\cos(\omega t + \theta) = \mathrm{Re}(Ae^{j\theta}e^{j\omega t}) = \mathrm{Re}(\tilde{\phi}e^{j\omega t}) \qquad (2\text{-}15)$$

式中：j——虚数单位，$j^2 = -1$；

$\quad\quad x$——位置；

$\quad\quad \sim$——复向量，$\tilde{\phi} = \phi_R + i\phi_I$；

Re[…]——变量的实部。

因此，流体中电势分布满足的控制方程如式（2-16）所示，电流连续条件的复振幅形式如式（2-17）所示[104]：

$$\nabla^2 \tilde{\phi} = 0 \qquad (2\text{-}16)$$

$$\sigma(\boldsymbol{n} \cdot \nabla\phi) = j\omega C_e(\phi_0 - \phi) \qquad (2\text{-}17)$$

导体表面的时均 ICEO 滑移流速可以表示为：

$$\langle \boldsymbol{u}_s \rangle = \frac{\varepsilon_m}{2(1+\delta)(2W_g + x\tan\theta + b)\eta} \mathrm{Re}[(\tilde{\phi} - \tilde{\phi}_0)(\tilde{\phi}_L - \tilde{\phi}_R)^*] \qquad (2\text{-}18)$$

在通道内，悬浮导体表面 ICEO 电流引起体相中流体流动的速度满足 Navier-Stokes 方程[131]：

$$\rho_{m}\left[\frac{\partial \boldsymbol{u}}{\partial t}+\boldsymbol{u}\ \nabla \boldsymbol{u}\right]=-\nabla p+\nabla\left[\eta\left(\nabla \boldsymbol{u}+\left(\nabla \boldsymbol{u}\right)^{\mathrm{T}}\right)\right]+\boldsymbol{f} \tag{2-19}$$

式中：p——流体压强（Pa）；

  $\boldsymbol{f}$——体积力（N）。

◆◆ 2.3 颗粒在交流电场中 Maxwell-Wagner 界面极化

2.3.1 非均匀电场对诱导偶极矩的作用受力

在非均匀电场 $\boldsymbol{E}$ 的作用下，颗粒发生极化现象并在两侧积累了不同属性的电荷，可以等效成一个偶极子。偶极子两侧电荷受到不同强度的电场作用，如图 2-2（a）所示，偶极子受到的合力可以表示为[40]：

$$\boldsymbol{F}=Q\boldsymbol{E}(\boldsymbol{r}+\boldsymbol{d})-Q\boldsymbol{E}(\boldsymbol{r}) \tag{2-20}$$

式中：$\boldsymbol{r}$——负电荷的位置；

  $\boldsymbol{r}+\boldsymbol{d}$——正电荷的位置。

与非均匀电场尺寸相比，当两侧电荷的距离非常小的时候，电场强度 $\boldsymbol{E}$ 可以对 $\boldsymbol{r}$ 进行泰勒展开，则式（2-20）中的表达可以改写为[40]：

$$\begin{aligned}\boldsymbol{F}&=Q\boldsymbol{E}(\boldsymbol{r})+Q(d\cdot\nabla)\boldsymbol{E}+higher\ order\ terms-Q\boldsymbol{E}(\boldsymbol{r})\\&=Q\boldsymbol{E}(\boldsymbol{r})+Q\left(\mathrm{d}x\frac{\partial}{\partial x}+\mathrm{d}y\frac{\partial}{\partial y}+\mathrm{d}z\frac{\partial}{\partial z}\right)\boldsymbol{E}+higher\ order\ terms-Q\boldsymbol{E}(\boldsymbol{r})\end{aligned} \tag{2-21}$$

忽略式（2-21）中的高阶项，再对式（2-21）进行整理可以得到偶极子受到的力：

$$\boldsymbol{F}_{\mathrm{DEP}}=(p\cdot\nabla)\boldsymbol{E} \tag{2-22}$$

电场可以被表示为 $\boldsymbol{E}(x,t)=\mathrm{Re}\left[\tilde{\boldsymbol{E}}(x)\mathrm{e}^{\mathrm{j}\omega t}\right]$，并且 $\boldsymbol{E}=-\nabla\phi=-(\nabla\phi_{\mathrm{R}}+i\ \nabla\phi_{\mathrm{I}})$ 是对应的向量。如果系统的相位为常数，那么场向量可以表示为 $\tilde{\boldsymbol{E}}=\boldsymbol{E}=-\nabla\phi_{\mathrm{R}}$。颗粒的偶极矩可以表示为[40]：

$$\tilde{p}=v\ \tilde{\alpha}E\mathrm{e}^{\mathrm{j}\omega t} \tag{2-23}$$

式中：v——颗粒的体积（m^{3}）；

$\tilde{\alpha}$——极化率。

则时均的 DEP 力可以表示为：

$$\langle \boldsymbol{F}_{\text{DEP}} \rangle = \frac{1}{2}\text{Re}\big[\,(\tilde{\boldsymbol{p}} \cdot \nabla)\boldsymbol{E}^{*}\,\big] \tag{2-24}$$

将式(2-23)代入式(2-24)可以得到时均 DEP 力的表达式，由于向量在此处是实数，则时均的 DEP 力可以表示为：

$$\langle \boldsymbol{F}_{\text{DEP}} \rangle = \frac{1}{4}v\text{Re}\big[\,\tilde{\alpha}\,\big]\nabla\,|\,\boldsymbol{E}\,|^{2} \tag{2-25}$$

接着计算式(2-25)中颗粒的极化率 $\tilde{\alpha}$。将质地均匀的球形颗粒置于一个球形坐标系中($r\geq0$, $0\leq\theta\leq\pi$, $0\leq\phi\leq2\pi$)，且匀强电场方向和 Z 轴负方向相同，如图 2-2(b)所示。在该种情况下，颗粒内部的电势 ϕ_{p} 和电解质的电势 ϕ_{m} 分布分别表示为[132]：

$$\begin{cases} \phi_{\text{m}} = \left[\left(\dfrac{\tilde{\varepsilon}_{\text{p}} - \tilde{\varepsilon}_{\text{m}}}{\tilde{\varepsilon}_{\text{p}} + 2\tilde{\varepsilon}_{\text{m}}}\right)\dfrac{a^{3}}{r^{3}} - 1\right]Er\cos\theta \\ \phi_{\text{p}} = -\left(\dfrac{3\tilde{\varepsilon}_{\text{m}}}{\tilde{\varepsilon}_{\text{p}} + 2\tilde{\varepsilon}_{\text{m}}}\right)Er\cos\theta \end{cases} \tag{2-26}$$

式中：$\tilde{\varepsilon}_{\text{p}}$——颗粒的复介电常数；

$\tilde{\varepsilon}_{\text{m}}$——溶液的复介电常数。

对式(2-26)中外部的电势进行整理，可以改写为：

$$\phi_{\text{m}} = \left(\frac{\tilde{\varepsilon}_{\text{p}} - \tilde{\varepsilon}_{\text{m}}}{\tilde{\varepsilon}_{\text{p}} + 2\tilde{\varepsilon}_{\text{m}}}\right)\frac{Ea^{3}}{r^{2}}\cos\theta - Er\cos\theta \tag{2-27}$$

式(2-27)中右边第一项是由偶极矩产生的电势，第二项是外加电场产生电势。通过观察第一项可以知道，偶极矩可以表示为：

$$\boldsymbol{p} = 4\pi\varepsilon_{\text{m}}\left(\frac{\tilde{\varepsilon}_{\text{p}} - \tilde{\varepsilon}_{\text{m}}}{\tilde{\varepsilon}_{\text{p}} + 2\tilde{\varepsilon}_{\text{m}}}\right)a^{3}\boldsymbol{E} \tag{2-28}$$

式(2-28)是颗粒的有效偶极矩，且 $\tilde{\varepsilon}_{\text{p}} = \varepsilon_{\text{p}} - j\sigma_{\text{p}}/\omega$，$\tilde{\varepsilon}_{\text{m}} = \varepsilon_{\text{m}} - j\sigma_{\text{m}}/\omega$。如果将式(2-28)表示为体积和复数有效极化率的形式 $\boldsymbol{p} = v\tilde{\alpha}\boldsymbol{E}$，通过对比可以得到均匀球形的极化率和 Clausius-Mossotti(CM)因子[41]：

$$\tilde{\alpha} = 3\varepsilon_{\text{m}}\left(\frac{\tilde{\varepsilon}_{\text{p}} - \tilde{\varepsilon}_{\text{m}}}{\tilde{\varepsilon}_{\text{p}} + 2\tilde{\varepsilon}_{\text{m}}}\right) = 3\varepsilon_{\text{m}}K(\omega) \tag{2-29}$$

$$K(\omega) = \frac{\tilde{\varepsilon}_p - \tilde{\varepsilon}_m}{\tilde{\varepsilon}_p + 2\tilde{\varepsilon}_m} \qquad (2-30)$$

将质地均匀颗粒的体积公式和式(2-29)代入式(2-25),可得到时均 DEP 力的全表达式[67, 133, 134]:

$$\langle \boldsymbol{F}_{\mathrm{DEP}} \rangle = \pi \varepsilon_m a^3 \mathrm{Re}\left[\frac{\tilde{\varepsilon}_p - \tilde{\varepsilon}_m}{\tilde{\varepsilon}_p + 2\tilde{\varepsilon}_m}\right] \nabla |\boldsymbol{E}|^2 \qquad (2-31)$$

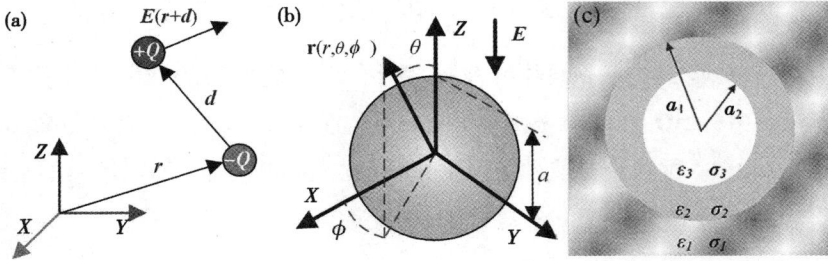

图 2-2　介电泳模型示意图

(a)偶极子的示意图;(b)均匀小球的示意图;(c)核壳结构的示意图。

2.3.2　单个生物细胞的极化模型

细胞、病毒等生物样本具有比较复杂的内部结构,该部分研究了这类生物样本的极化特性。通常情况下,它们被等效为同轴的多层薄壳结构,最简单的模型如图 2-2(c)所示。由于该模型有两个界面,且每个界面都具有一个特定的弛豫频率,因此该模型具有两个弛豫频率。该模型的极化率和偶极矩表示如下:

$$\tilde{\alpha} = 3\varepsilon_m K(\omega) = 3\varepsilon_m \left(\frac{\tilde{\varepsilon}_{23} - \tilde{\varepsilon}_1}{\tilde{\varepsilon}_{23} + 2\tilde{\varepsilon}_1}\right) \qquad (2-32)$$

$$\boldsymbol{P} = 4\pi \varepsilon_m K(\omega) a_1^3 \boldsymbol{E} \qquad (2-33)$$

式(2-32)中的复介电常数 $\tilde{\varepsilon}_{23}$ 计算公式如下[132]:

$$\tilde{\varepsilon}_{23} = \tilde{\varepsilon}_2 \left[\gamma_{12}^3 + 2\left(\frac{\tilde{\varepsilon}_3 - \tilde{\varepsilon}_2}{\tilde{\varepsilon}_3 + 2\tilde{\varepsilon}_2}\right)\right] \bigg/ \left[\gamma_{12}^3 - \left(\frac{\tilde{\varepsilon}_3 - \tilde{\varepsilon}_2}{\tilde{\varepsilon}_3 + 2\tilde{\varepsilon}_2}\right)\right] \qquad (2-34)$$

式中: γ_{12}——半径之比, $\gamma_{12} = a_1/a_2$;

$\tilde{\varepsilon}_{23}$——等效介电常数。

将式(2-32)代入式(2-25)可以获得细胞在 ICEO 漩涡中受到的 DEP 力。

2.3.3 低浓度细胞体系的极化模型

在自然界中,有很多细胞不是单独存在的,而是多个细胞共同生活在分化后膨大的母细胞中,比如卵囊藻细胞,如图 2-3(a)所示。这类细胞在 ICEO 漩涡中运动时,不是单个细胞而是整个体系在运动。因此需要研究该类细胞体系的极化特性。该类细胞的等效模型如图 2-3(b)所示,多个细胞分布在一个球形区域内,细胞的体积分数为 W。根据叠加原理和式(2-28)、式(2-31)可知

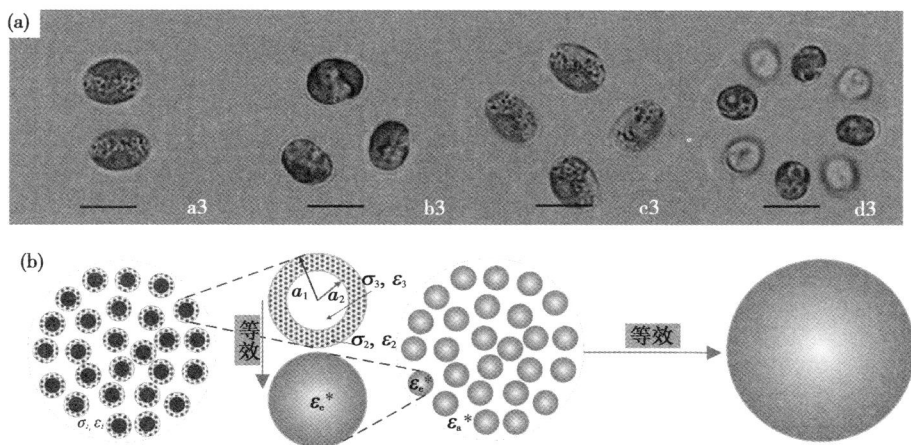

图 2-3 低浓度细胞体系

(a)卵囊藻细胞照片;(b)低浓度的细胞体系模型。

该细胞体系总的偶极矩为[16]:

$$\boldsymbol{P} = \sum_1^N \boldsymbol{p}_i = 4\varepsilon_m K(\omega) a^3 \boldsymbol{E} = 4N\pi\varepsilon_m \left(\frac{\tilde{\varepsilon}_{23} - \tilde{\varepsilon}_m}{\tilde{\varepsilon}_{23} + 2\tilde{\varepsilon}_m} \right) a^3 \boldsymbol{E} \qquad (2-35)$$

式中:N——混合体系中细胞的数量(个)。

将低浓度细胞体系看作一个整体,根据式(2-28)可知低浓度细胞分布于整个球形区域的偶极矩可以表示为:

$$\boldsymbol{P} = 4\pi\varepsilon_m \left(\frac{\tilde{\varepsilon}_1 - \tilde{\varepsilon}_m}{\tilde{\varepsilon}_1 + 2\tilde{\varepsilon}_m} \right) R^3 \boldsymbol{E} \qquad (2-36)$$

式中:$\tilde{\varepsilon}_1$——低浓度细胞体系的等效介电常数;

R——球形混合体系的半径(m)。

由式(2-34)、式(2-35)、式(2-36)可得：

$$\begin{cases} \left(\dfrac{\tilde{\varepsilon}_1 - \tilde{\varepsilon}_m}{\tilde{\varepsilon}_1 + 2\tilde{\varepsilon}_m}\right) = W\left(\dfrac{\tilde{\varepsilon}_{23} - \tilde{\varepsilon}_m}{\tilde{\varepsilon}_{23} + 2\tilde{\varepsilon}_m}\right) \\ W = Na^3/R^3 \end{cases} \quad (2-37)$$

对式(2-37)中的 ε_1 进行显化处理可以得到：

$$\tilde{\varepsilon}_1 = \tilde{\varepsilon}_m \frac{1 + 2W \cdot K(\omega)}{1 - W \cdot K(\omega)} = \tilde{\varepsilon}_m \left[1 + 2W\left(\frac{\tilde{\varepsilon}_{23} - \tilde{\varepsilon}_m}{\tilde{\varepsilon}_{23} + 2\tilde{\varepsilon}_m}\right)\right] \bigg/ \left[1 - W\left(\frac{\tilde{\varepsilon}_{23} - \tilde{\varepsilon}_m}{\tilde{\varepsilon}_{23} + 2\tilde{\varepsilon}_m}\right)\right]$$

$$(2-38)$$

根据式(2-38)可以获得整个低浓度细胞体系的介电常数，并且细胞的存在引起了球形区域内溶液的介电常数的增加。

接着，通过数值模拟方式计算了低浓度细胞体系的 CM 因子频谱特性，如图 2-4 所示。模拟时所采用细胞模型为图 2-2(c)中的核壳结构，设置的参数如表 2-1 所示。

表 2-1　低浓度细胞体系的参数

参数	数值
a_1	2.01×10^{-6} m
a_2	2.0×10^{-6} m
ε_1	$78.5\varepsilon_0$
ε_2	$10\varepsilon_0$
ε_3	$60\varepsilon_0$
σ_1	10×10^{-4} S/m
σ_2	10×10^{-8} S/m
σ_3	0.5 S/m

当细胞的体积分数分别为 10%、30%、50% 时，通过式(2-38)计算细胞体系的介电常数，然后计算了整个细胞体系的 CM 因子，CM 因子实部和虚部的频谱曲线如图 2-4(a)和图 2-4(b)所示。根据图 2-4(a)可知：随着细胞浓度的不断增加，细胞体系的 CM 因子实部和虚部的频谱曲线呈现出与单细胞相同的变化趋势，并且 CM 因子实部和虚部的绝对值呈增加的趋势。将 ε_1 代入式(2-29)能够求得低浓度细胞体系的极化率，进而可以求得该体系在 ICEO 漩涡中受到的 DEP 力。

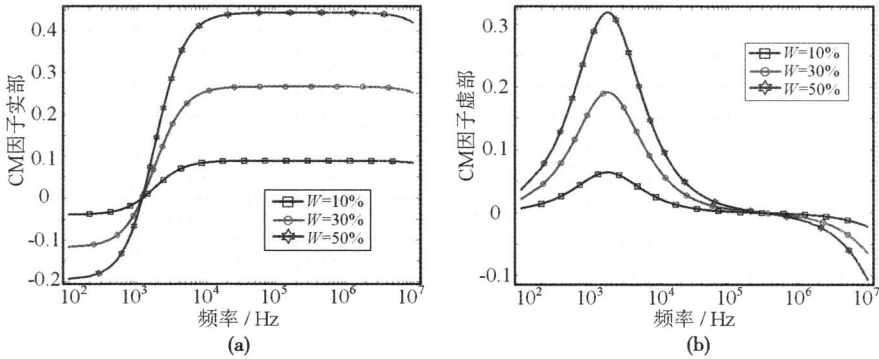

图 2-4　低浓度细胞混合体系 CM 因子的频谱曲线

（a）低浓度细胞体系的 CM 因子实部频谱；（b）低浓度细胞体系的 CM 因子虚部频谱。

2.3.4　高浓度细胞体系的极化模型

本小节研究了高浓度细胞体系的等效极化模型。在一个球形区域中，分布着高浓度的细胞，体积分数为 W，如图 2-5 所示。根据 Maxwell 在准静电场中处理问题的思路，首先将核壳结构的模型等效为分布均匀的颗粒，等效介电常数 $\tilde{\varepsilon}_e$ 通过式（2-39）计算获得：

$$\tilde{\varepsilon}_e = \tilde{\varepsilon}_a \frac{2\tilde{\varepsilon}_m + \tilde{\varepsilon}_c - 2(\tilde{\varepsilon}_m - \tilde{\varepsilon}_c)[a_1/a_2]^3}{2\tilde{\varepsilon}_m + \tilde{\varepsilon}_c + (\tilde{\varepsilon}_m - \tilde{\varepsilon}_c)[a_1/a_2]^3} \qquad (2-39)$$

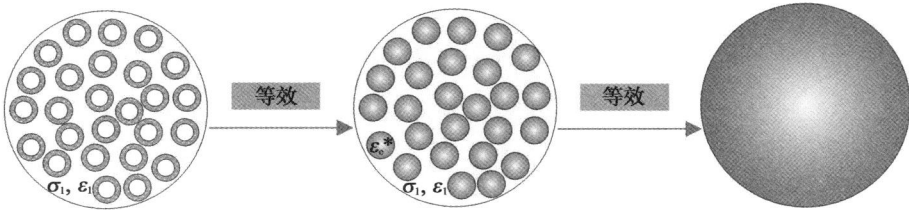

图 2-5　高浓度的细胞体系模型

下一步计算球形区域内高浓度细胞体系的等效介电常数 $\tilde{\varepsilon}_h$。对于高浓度的细胞分散体系，Wagner 公式不再适用。通过连续运用 Wagner 公式不断增加细胞体系的浓度，可得球形高浓度细胞分散体系的等效复介电常数 $\tilde{\varepsilon}_h$[16]。$\tilde{\varepsilon}_h$ 满足以下公式：

$$\frac{1}{1+W} \cdot \frac{\tilde{\varepsilon}_h - \tilde{\varepsilon}_e}{\tilde{\varepsilon}_a - \tilde{\varepsilon}_e} \left(\frac{\tilde{\varepsilon}_a}{\tilde{\varepsilon}_h}\right)^{\frac{1}{3}} = 1 \qquad (2-40)$$

计算出等效复介电常数 $\tilde{\varepsilon}_h$ 后，通过式(2-30)计算出球形高浓度细胞体系的 CM 因子。接着，计算了高浓度细胞体系的 CM 因子的频谱特性。计算过程采用的参数，如表2-2所示。不同体积分数的球形高浓度细胞体系的 CM 因子的实部和虚部的频谱曲线，如图2-6(a)和图2-6(b)所示。随着体积分数的增加，CM 因子实部频谱曲线呈现出增加的趋势，而 CM 因子虚部没有明显的增加，但是呈现出明显的向右平移特性。根据式(2-40)求得 $\tilde{\varepsilon}_h$，然后根据式(2-31)进一步求得高浓度细胞体系在 ICEO 漩涡中受到的 DEP 力，进而可以研究高浓度细胞体系在 ICEO 漩涡中的运动规律。

表 2-2　高浓度细胞体系的参数

参数	数值
a_1	2.005×10^{-6} m
a_2	2.0×10^{-6} m
ε_1	$80\varepsilon_0$
ε_2	$7\varepsilon_0$
ε_3	$55\varepsilon_0$
σ_1	10×10^{-3} S/m
σ_2	9×10^{-5} S/m
σ_3	0.35 S/m

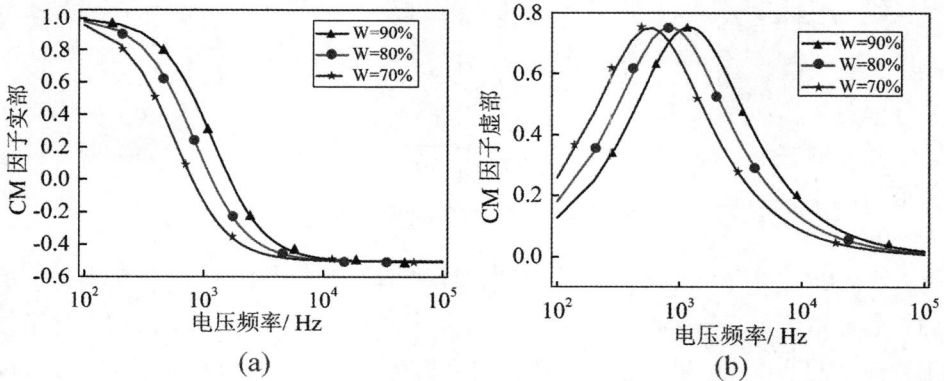

(a)

(b)

图 2-6　高浓度细胞混合体系 CM 因子的频谱曲线

(a)高浓度细胞体系的 CM 因子实部频谱；(b)高浓度细胞体系的 CM 因子虚部频谱。

◆ 2.4 颗粒在 ICEO 漩涡中运动模型的建立

2.4.1 颗粒表面电荷与双电层之间的互动力

颗粒在非均电场的作用下发生极化，电解液中的离子迁移到颗粒表面。本小节研究颗粒表面电荷层的分布特点及它与电场之间的互动作用。对于半径为 a 的球形颗粒表面的一维电场，它表面的电势和电荷密度的关系用 P-B 方程可以表示为[135]：

$$\frac{1}{r^2}\frac{\mathrm{d}}{\mathrm{d}r}\left[r^2\frac{\mathrm{d}\overline{\psi}_{\mathrm{p}}}{\mathrm{d}r}\right]=k^2\sinh(\overline{\psi}_{\mathrm{p}}) \tag{2-41}$$

颗粒表面的电荷必须用于平衡双电层中的电荷，因此：

$$Q=-\int_a^\infty 4\pi r^2\rho_{\mathrm{e}}\mathrm{d}r \tag{2-42}$$

由 Poisson 方程计算，获得小球表面电势和电荷密度的关系[135]：

$$\frac{1}{r^2}\frac{\mathrm{d}}{\mathrm{d}r}\left[r^2\frac{\mathrm{d}\overline{\psi}_{\mathrm{p}}}{\mathrm{d}r}\right]=-\frac{\rho_{\mathrm{e}}}{\varepsilon_{\mathrm{m}}} \tag{2-43}$$

用线性 P-B 方程对式(2-41)进行整理可得[135]：

$$\frac{1}{r^2}\frac{\mathrm{d}}{\mathrm{d}r}\left[r^2\frac{\mathrm{d}\overline{\psi}_{\mathrm{p}}}{\mathrm{d}r}\right]=k^2\overline{\psi}_{\mathrm{p}} \tag{2-44}$$

联立式(2-43)和式(2-44)可得小球表面电荷密度与电势关系：

$$-\frac{\rho_{\mathrm{e}}}{\varepsilon_{\mathrm{m}}}=k^2\overline{\psi}_{\mathrm{p}} \tag{2-45}$$

将式(2-45)代入式(2-42)中可以得到颗粒表面的电荷[135]：

$$Q=4\pi\varepsilon_{\mathrm{m}}k^2\int_a^\infty r^2\overline{\psi}_{\mathrm{p}}\mathrm{d}r \tag{2-46}$$

在颗粒表面 $r=a$，电势为 $\psi=ze\psi_0/k_{\mathrm{b}}T$，在无穷远处 $r=\infty$，电势为 $\psi=0$，利用 Debye-Huckle 形式，球形表面的电势可以写成[135]：

$$\overline{\psi}_{\mathrm{p}}=\psi_0\frac{a}{r}\exp\left[-\kappa_{\mathrm{p}}(r-a)\right] \tag{2-47}$$

式中：κ_p——颗粒表面电荷层的厚度（m）。

将式（2-47）代入式（2-46）可知：

$$Q = 4\pi\varepsilon_m\psi_0 ak^2\int_a^{\infty} r\exp[-\kappa_p(r-a)]\mathrm{d}r \qquad (2-48)$$

对式（2-48）进行积分后整理可得：

$$Q = 4\pi\varepsilon_m a(1+\kappa_p a)\psi_0 \qquad (2-49)$$

用 Q 表示 ψ_0，然后代入式（2-47）中，可得颗粒表面的电势分布：

$$\overline{\psi}_p = \frac{1}{4\pi\varepsilon_m}\frac{Q}{1+\kappa_p a}\frac{e^{-\kappa_p(r-a)}}{r} \qquad (2-50)$$

由式（2-49）和式（2-50）可知[135]：

$$\overline{\psi}_p = \frac{Q}{4\pi\varepsilon_m a(a+\kappa_p a)} = \frac{Q}{4\pi\varepsilon_m a} - \frac{Q}{4\pi\varepsilon_m(a+1/\kappa_p)} = \overline{\psi}_a^s - \overline{\psi}_0^a \qquad (2-51)$$

式（2-51）中第一项是由于颗粒自身的电荷引起的表面电势，第二项是电性相反的电荷层引起的电势，也就是一个带电量为 $-Q$、半径为 $(a+1/\kappa_p)$ 的球壳产生的电势。如果能获得颗粒的 Zeta 电势，就能求得电荷量[135]：

$$Q_e = 4\pi\varepsilon_m a(1+\kappa_p a)\zeta \qquad (2-52)$$

颗粒电荷层与悬浮电极表面双电层的互动力可以表示为：

$$f_{p-e} = \pi\kappa_p a_p(\overline{\psi}_e^2 + \overline{\psi}_p^2)\left[\left(\frac{4\overline{\psi}_p + \overline{\psi}_e}{\overline{\psi}_p^2 + \overline{\psi}_e^2}\right)\frac{\exp(-\kappa_p h)}{1-\exp(-2\kappa_p h)} - \frac{2\exp(-2\kappa_p h)}{1-\exp(-\kappa_p h)}\right] \quad (2-53)$$

将该互动力转化为有量纲变量，可求得小球表面电荷与双电层的互动力：

$$\boldsymbol{F}_{p-e} = \varepsilon_m(k_b T/ze)^2 \cdot f_{p-e} = \varepsilon_m\pi\kappa_p a(\overline{\psi}_e^2 + \overline{\psi}_p^2)\prod\left(\frac{k_b T}{ze}\right)^2 \qquad (2-54a)$$

$$\prod = \left(\frac{4\overline{\psi}_p + \overline{\psi}_e}{\overline{\psi}_p^2 + \overline{\psi}_e^2}\right)\frac{\exp(-\kappa_p h)}{1-\exp(-2\kappa_p h)} - \frac{2\exp(-2\kappa_p h)}{1-\exp(-\kappa_p h)} \qquad (2-54b)$$

式中：h——颗粒与悬浮导体之间的距离（m）。

$$\frac{\boldsymbol{F}_{p-e}}{\boldsymbol{F}_{DEP}} = \frac{\pi\varepsilon_m\kappa_p a(\overline{\psi}_e^2 + \overline{\psi}_p^2)\prod\left(\frac{k_b T}{ze}\right)^2}{2\pi\varepsilon_m a^3\mathrm{Re}[K(\omega)](\nabla|E|^2)} = \frac{\kappa_p(\overline{\psi}_e^2 + \overline{\psi}_p^2)\prod\left(\frac{k_b T}{ze}\right)^2}{2a^2\mathrm{Re}[K(\omega)](\nabla|E|^2)}$$

$$(2-55)$$

根据式（2-55）可知：当颗粒的尺寸从 10 μm 减小到 10 nm 的时候，颗粒受到静电互动力与 DEP 力的比值增大 10⁶ 倍。因此，在 ICEO 漩涡中分离颗粒时，该颗粒表面电荷与双电层的互动力对微米尺度颗粒的作用很微弱,但是对纳米颗粒,该互动力变得很明显。

2.4.2 多物理场协同作用下颗粒运动模型的建立

半径为 a 的球形颗粒样本在 ICEO 漩涡中受到 Buoyancy 力的作用,在没有背景电场的情况下,颗粒受到的 Buoyancy 力可以表示为[104]:

$$F_{\text{Buoyancy}} = \frac{4\pi a^3 (\rho_p - \rho_m) g}{3} \tag{2-56}$$

式中:ρ_p——颗粒的密度(kg/m^3);

ρ_m——电解液的密度(kg/m^3);

g——重力加速度(m/s^2)。

颗粒在 ICEO 漩涡运动过程中,受到电场、流场和重力场的联合作用力:

$$F_i = m_p g_i + \int \sigma_{ij} n_j dS + \sum \sigma_q \Delta S \tag{2-57}$$

式中:g_i——重力加速度(m/s^2);

σ_{ij}——球体上的流体应力(N);

σ_q——表面电荷密度(C/m^2)。

在 ICEO 漩涡中,考虑来自电场、流场和重力场的效应,作用在微尺度颗粒上的作用力可以表示为:

$$F_i = -6\pi a\mu (v_i - u_i) + (m_p - m_f) g_i + F_i^{\text{DEP}} + F_i^{\text{p-e}} \tag{2-58}$$

在式(2-58)中,从左到右第一项是 Stokes 拖拽力,它正比于颗粒的速度 v_i 和流体的速度 u_i 的差;第二项是 Buoyancy 力,它正比于颗粒的质量 m_p 和同等体积下流体的质量 m_f 之差;第三项是颗粒受到的 DEP 力;第四项是颗粒表面的电荷与悬浮导体表面双电层中电荷之间的互动力。当颗粒受力平衡时,可以得到颗粒的运动方程为:

$$v_i = u_i + \frac{1}{6\pi a\mu} (m_p - m_f) g_i + \frac{1}{6\pi a\mu} F_i^{\text{DEP}} + \frac{1}{6\pi a\mu} F_i^{\text{p-e}} \tag{2-59}$$

通过对式(2-59)中颗粒的速度对时间进行积分,可以得到颗粒在 ICEO 漩涡中的运动轨迹。由于颗粒尺寸、密度等参数的差异会引起它们运动轨迹的不同,从而实现它们的分离。

◆ 2.5 基于对称 ICEO 漩涡的颗粒分离仿真研究

2.5.1 颗粒在对称 ICEO 漩涡中运动轨迹因素分析

基于 ICEO 漩涡的形成机理和颗粒的受力情况，本节基于图 2-7(a)所示的仿真模型研究微尺度颗粒在 ICEO 漩涡中的运动轨迹。该仿真模型有三部分，包括左右两侧的激发电极、中间悬浮电极和流体区域。在两侧激发电极的电场作用下，悬浮电极表面产生了对称的 ICEO 漩涡流。颗粒被释放到流体区域中，与流体和电场发生互动。在特定形态下的 ICEO 漩涡中，颗粒展示出它们特定的运动状态，被漩涡捕获或从漩涡中逃逸出来被平衡在流体停滞区，这样的运动状态由颗粒的固有性质决定。ICEO 漩涡的形貌可以通过调节电压参数进行调节，从而实现颗粒运动状态的灵活转换。图 2-7(a)中的仿真模型中流体区域的长度是 600 μm，高度是 105 μm。激发电极的宽度是 50 μm，悬浮电极的宽度是 270 μm。悬浮电极与激发电极的间隙是 110 μm。施加在仿真模型上的控制方程和边界条件如图 2-7(a)所示。本书采用映射的方法对仿真模型进行了网格的划分，并且细化了电极和流体界面处的网格。通过计算截线处的最大速度进行了网格灵敏度验证，截线在图 2-7(b)中定义。根据图 2-7(b)可知：当网格的数量大于 3.988×10^3 个时，流体的最大速度稳定在 11.879 μm/s。为了节省计算时间，确定仿真模型的网格数为 3.988×10^3 个。在仿真模型中，溶液的电导率为 0.001 S/m，溶液的介电常数为 7.08 F/m。

在仿真模型的电场模块，左侧激发电极施加一个交流信号，右侧激发电极接地，悬浮导体表面施加添加的边界条件为式(2-17)。体相的控制方程为式(2-16)，其余表面施加的边界条件为：法向电场等于 0。在流场模块中，左侧和右侧激发电极施加的边界条件为：由交流电渗引起的滑移速度。悬浮电极表面的边界条件为：由 ICEO 效应引起的滑移速度为式(2-18)。体相的控制方程为式(2-19)，其余的表面被设置为无滑移边界。

为了描述颗粒的运动轨迹，本节定义了三个指标：长轴、短轴和最低点，它们被定义在图 2-7(c)中。通过利用这三个指标对颗粒在 ICEO 漩涡流中的运动轨迹开展了仿真研究。图 2-8 中的示意图分别描述了具有不同特性的微尺度颗粒在 ICEO 漩涡中的电动平衡状态和受力情况。如果 Z 轴方向上流体拖拽

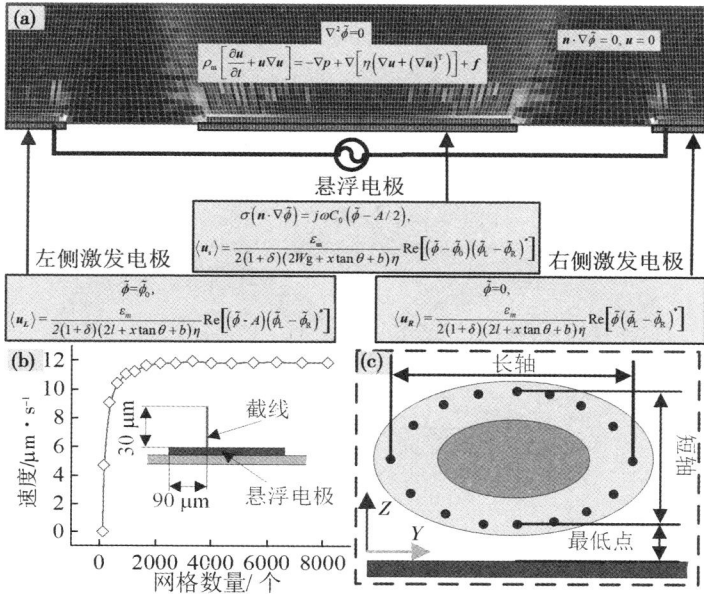

图 2-7 仿真模型的建立

(a)仿真模型和施加的边界条件;(b)仿真模型的网格灵敏度验证;(c)颗粒
运动轨迹的指标定义。

力 $F_{Z, Drag}$ 能够克服 Buoyancy 力 $F_{Buoyancy}$,在 Y 轴方向流体拖拽力 $F_{Y, Drag}$ 的作用下,颗粒被漩涡捕获并随着漩涡做旋转运动。一方面,当颗粒受到的 DEP 力 $F_{DEP} = 0$ 时,在 $F_{Z, Drag}$ 和 $F_{Buoyancy}$ 的平衡下,颗粒在区域一中沿着固定的轨道稳定地运动,如图 2-8(a)所示。在负的 DEP 力 F_{nDEP} 的作用下,颗粒受到一个向上的提升力,它们的运动轨迹被提升到了区域二,达到了一个新的平衡状态,如图 2-8(b)中状态 1。提高电压强度,颗粒的运动范围持续减小至漩涡中心,如图 2-8(b)中的状态 2。相反,当颗粒受到正的 DEP 力时,颗粒受到向下的吸引力,颗粒的运动轨迹下降至区域三,如图 2-8(c)中的状态 1。将电压进一步提高,颗粒的运动轨道被增大,逐渐与悬浮电极表面接触,如图 2-8(c)中的状态 2。

另一方面,如果颗粒的运动轨迹被 Buoyancy 力主宰,颗粒不能被漩涡捕获,不会随着 ICEO 漩涡一起运动,如图 2-8(d)所示,在这种情况下,颗粒与悬浮电极发生接触,并受到了悬浮电极向上的支持力 F_{Sup}。在 Z 轴方向上,来自悬浮电极的支持力 F_{Sup} 和流体拖拽力 $F_{Z, Drag}$ 以及 $F_{Buoyancy}$ 相平衡,在纵向流速的作用下,颗粒被排列在流体停滞区。颗粒的状态可以通过调节工作参数进行

诱导电荷电渗漩涡颗粒分离方法

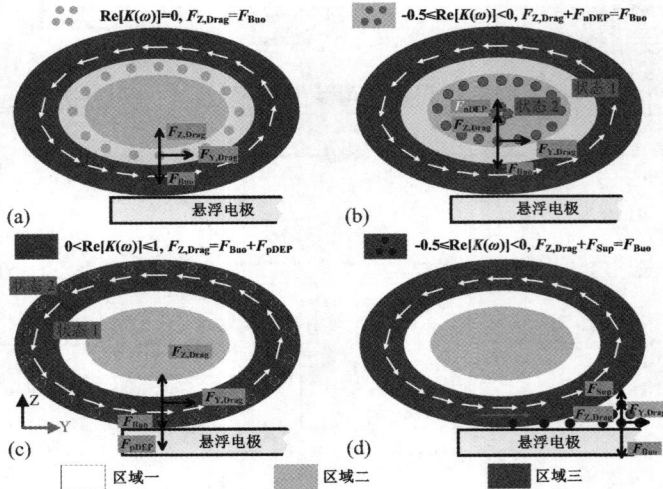

图 2-8　颗粒运动过程的受力分析

（a）颗粒不受 DEP 力的作用；（b）颗粒受到负 DEP 力的作用；（c）颗粒受到正 DEP 力的作用；
（d）颗粒的运动被重力主宰。

准确灵活地转换。

颗粒的尺寸、密度和介电特性均能引起颗粒运动轨迹的差异。在建立的仿真模型过程中进行数值仿真，计算颗粒的运动轨迹。从理论角度进行了微尺度颗粒在 ICEO 漩涡中运动状态的因素分析，如图 2-9 所示。

首先，在仿真模型中，研究了微尺度颗粒的尺寸对颗粒运动轨迹的影响，如图 2-9（a）所示。当 CM 因子实部为 0 时，颗粒的直径从 1 μm 增加到 8 μm，颗粒的运动范围经历了缩小的过程。长轴的长度从 118.16 μm 降低为 71.61 μm。短轴的长度从 76.91 μm 降低到 48.25 μm。与此同时，运动轨道的最低点经历了一个上升的过程，从 0 增加到 8.38 μm。当 CM 因子的实部为 -0.4 时，由于负 DEP 力的作用，颗粒的运动轨迹经历了降低的过程。当颗粒的直径从 1 μm 增加到 9 μm 时，长轴的长度从 111.77 μm 减小为 0，短轴的长度从 76.11 μm 减小为 0。轨道的最低点也被从 0 提高到 27.42 μm。当颗粒的 CM 因子实部等于 0.4 时，颗粒受到正 DEP 力的作用，运动轨迹经历了持续的增加过程。当颗粒的直径从 1 μm 增加到 6 μm 时，运动轨迹的长轴长度从 117 μm 增加到 150.95 μm，短轴的长度从 76.84 μm 增加到 78.88 μm。在仿真过程中，直径为 4 μm 和 8 μm 颗粒的运动轨迹，如图 2-9（c）（Ⅰ）和（Ⅱ）所示。

38

其次，研究了颗粒的密度对运动轨迹的影响规律，如图 2-9(b)所示。当颗粒的密度介于 $1000 \sim 1600 \ \text{kg/m}^3$，颗粒的 CM 因子的实部为 0，颗粒的运动范围呈现出明显的降低趋势。其中长轴长度从 $120.26 \ \mu\text{m}$ 降低为 $46.36 \ \mu\text{m}$，短轴长度从 $81.2 \ \mu\text{m}$ 降低为 $34.26 \ \mu\text{m}$。运动轨迹的最低点得到了一定程度的提高，即从 0 提高到 $13.43 \ \mu\text{m}$。当颗粒的 CM 因子的实部小于 0，颗粒受到负 DEP 力，颗粒的运动轨迹经历了明显的降低，长轴长度从 $67.43 \ \mu\text{m}$ 降低为 $19.27 \ \mu\text{m}$，短轴长度从 $54.36 \ \mu\text{m}$ 降低到 $16.51 \ \mu\text{m}$。与此同时，颗粒的运动轨迹的最低点也从 $7.56 \ \mu\text{m}$ 提高到 $20.64 \ \mu\text{m}$。当颗粒的 CM 因子实部为 0.4 时，颗粒的密度从 $1000 \ \text{kg/m}^3$ 增加到 $1700 \ \text{kg/m}^3$，运动轨迹的长轴长度从 $128.12 \ \mu\text{m}$ 缩短到 $63.55 \ \mu\text{m}$，短轴长度从 $94.71 \ \mu\text{m}$ 缩短到 $40.59 \ \mu\text{m}$。这种情况下，颗粒运动轨迹的最低点从 0 提高到 $11.5 \ \mu\text{m}$。密度为 $1300 \ \text{kg/m}^3$ 的颗粒在仿真模型中的运动轨迹为图 2-9(c)(Ⅲ)。当颗粒的密度大于 $1600 \ \text{kg/m}^3$ 时，颗粒从漩涡中逃离并平衡在流体停滞区域。

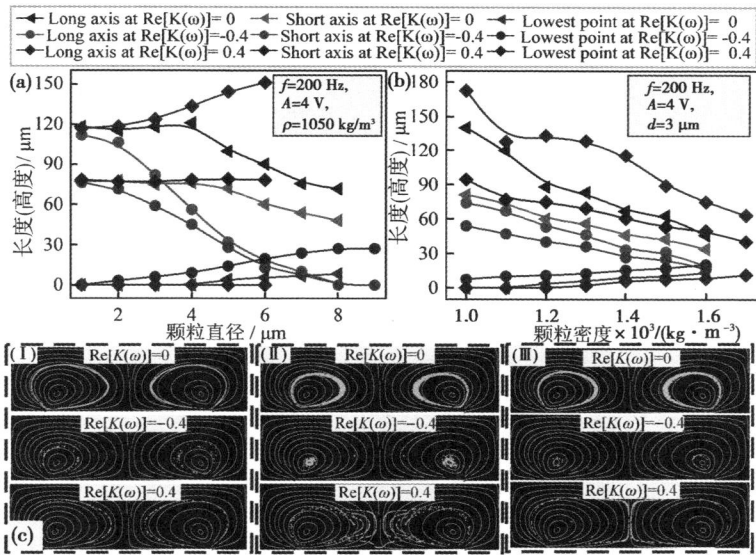

图 2-9 颗粒的密度和直径对颗粒运动轨迹的影响

(a)颗粒的尺寸对运动轨迹的影响；(b)颗粒的密度对运动轨迹的影响；(c)不同参数下颗粒的运动轨迹。

在该部分，当频率为 200 Hz、颗粒的直径为 $5 \ \mu\text{m}$、密度为 $1050 \ \text{kg/m}^3$ 时，研究了电压幅值对颗粒运动轨迹的影响，如图 2-10(a)所示。将电压幅值从 2.5 V 提高到 6 V 时，CM 因子实部为 0 和 0.4 的两种颗粒运动轨迹不断扩大。

CM 因子实部为 0 的颗粒的长轴从 96.67 μm 提高到 117.79 μm，短轴从 63.09 μm 提高到 73.82 μm。当颗粒的 CM 因子实部为 -0.4 时，颗粒运动轨迹的长轴和短轴都呈现出下降的趋势，分别从 59.32 μm 和 40.45 μm 减小为 0。这种情况下，颗粒的运动轨迹不断缩小，直至缩小到漩涡中心。相反，当颗粒的 CM 因子的实部为 0.4 时，颗粒运动轨迹的长轴和短轴都经历了上升的过程，长轴从 119.46 μm 提高到 155.7 μm，短轴从 54.36 μm 提高到 83.89 μm。当电压为 3 V 和 5 V 时，颗粒运动轨迹如图 2-10(c)(Ⅰ)和(Ⅱ)所示。

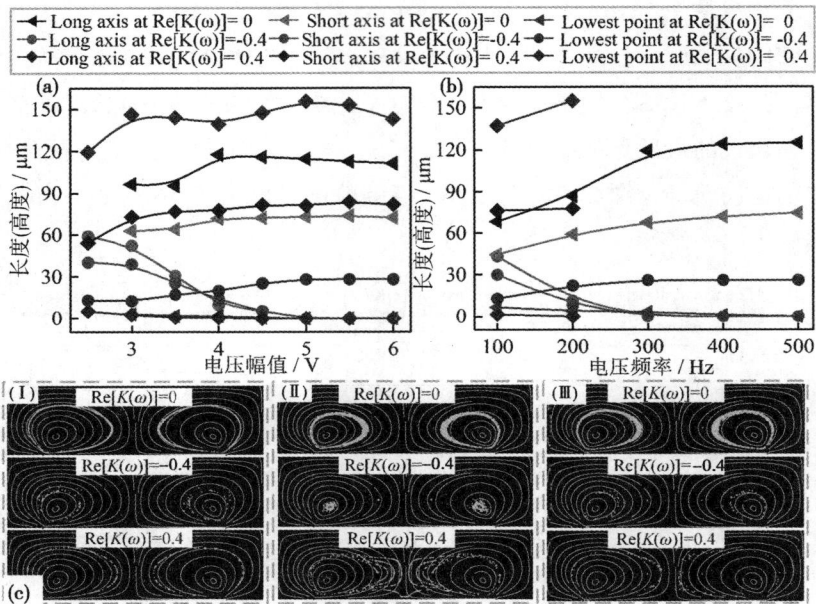

图 2-10　电压幅值和频率对颗粒运动轨迹的影响

(a)电压幅值对颗粒运动轨迹的影响；(b)电压频率对颗粒运动轨迹的影响；(c)不同参数下颗粒的运动轨迹。

最后，当电压幅值为 4 V、颗粒直径为 5 μm、密度为 1100 kg/m³ 时，研究了电压频率对颗粒运动轨迹的影响，如图 2-10(b)所示。当频率从 100 Hz 提高到 600 Hz 时，CM 因子实部为 0 的颗粒运动轨迹呈现增大的趋势。长轴从 68.55 μm 提高到 125.03 μm，短轴从 44.6 μm 提高到 74.71 μm，颗粒的运动轨道逐渐与悬浮电极发生接触。当频率大于 200 Hz 时，CM 因子实部为 0.4 的颗粒开始从两侧对称 ICEO 漩涡中逃逸出来，并被平衡在悬浮电极中间，因为它们的运动轨道的尺寸在不断被扩大。当颗粒的 CM 因子的实部为 -0.4 时，如果频率介于 100~500 Hz，颗粒的运动轨迹的尺寸经历了不断缩小的过程，直至漩涡中心。它的长轴从 43.35 μm 减小到 0，短轴从 30.19 μm 减小到 0。当频率为 200 Hz 时，颗粒的运动轨迹如图 2-10(c)Ⅲ所示。

2.5.2　基于对称 ICEO 漩涡颗粒分离仿真分析

通过研究微尺度颗粒在对称 ICEO 漩涡中的运动特性，发现在相同的漩涡中，不同的颗粒呈现出不同的运动轨迹。当 $F_z>0$ 时，颗粒能够被托举到通道较高的平面，随着两侧对称的 ICEO 漩涡一起运动，并且颗粒的介电特性对颗粒的运动轨迹有明显的影响。当 $F_z<0$ 时，颗粒不能被 ICEO 漩涡捕获，而是被平衡在通道底部附近。在纵向流速的作用下，被聚集在流体停滞区域内。利用颗粒在对称 ICEO 中的不同的运动状态进行分离。在该部分，通过数值模拟的方式分析了对称 ICEO 漩涡在基于尺寸差异和基于密度差异颗粒分离的机理，如图 2-11 所示。

第一步研究了 CM 因子实部为 -0.463 的两种不同尺寸颗粒在对称 ICEO 漩涡中的分离过程，如图 2-11(a)所示。4 μm 的颗粒一和 8 μm 的颗粒二具有相同的密度 1100 kg/m³。当电场的强度为 4 V、频率为 300 Hz 时，4 μm 的颗粒一被两侧的 ICEO 漩涡捕获并随着漩涡做螺旋运动（$F_z>0$）；而 8 μm 的颗粒二不能被 ICEO 漩涡捕获（$F_z<0$），而被平衡在悬浮电极中间。因此，ICEO 漩涡能够实现不同尺寸颗粒的分离。

第二步研究了 CM 因子实部为 -0.463、密度不同的两种颗粒在对称 ICEO 漩涡中的分离过程，如图 2-11(b)所示。颗粒三和颗粒四具有相同的尺寸 6 μm。当电压幅值为 5.2 V、频率为 300 Hz 时，由于颗粒三具有较小的密度 1050 kg/m³，它们在仿真过程中被漩涡捕获并随着漩涡一起运动（$F_z>0$）；而颗粒四具有较大的密度 1400 kg/m³（$F_z<0$），不能被漩涡捕获，而被稳定在漩涡中间。从而实现良好的分离效果。

第三步研究了 CM 因子实部为 0.4、尺寸不同的两种颗粒在对称 ICEO 漩涡中的分离过程，如图 2-11(c)所示。在仿真过程中，颗粒五的直径是 6 μm，颗粒六的直径是 12 μm，它们具有相同的密度 1100 kg/m³。当电压幅值为 5.6 V、频率为 300 Hz 时，6 μm 的颗粒五在流体拖拽力作用下，随着漩涡做螺旋运动（$F_z>0$）。而 12 μm 的颗粒六受到的流体拖拽力不能克服颗粒的重力和正介电泳力（$F_z<0$），被输送到悬浮电极中间。从而实现了良好的分离效果。

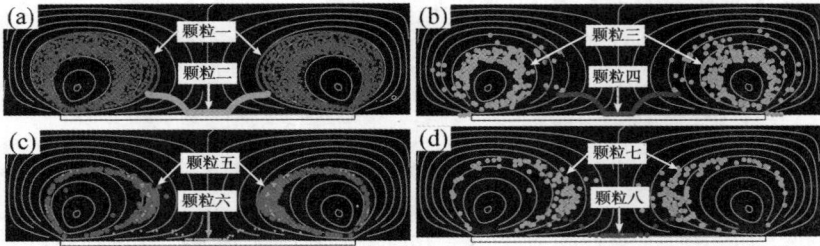

图 2-11　颗粒在对称 ICEO 漩涡中的分离原理

(a)基于尺寸颗粒分离: $\text{Re}[K(\omega)]=-0.463$; (b)基于密度颗粒分离: $\text{Re}[K(\omega)]=-0.463$; (c)基于尺寸颗粒分离: $\text{Re}[K(\omega)]=0.4$; (d)基于密度差异颗粒分离: $\text{Re}[K(\omega)]=0.4$。

第四步研究了 CM 因子实部为 0.4、密度不同的两种颗粒在对称 ICEO 漩涡中的分离过程, 如图 2-11(d)所示。在仿真过程中, 颗粒七和颗粒八具有相同的尺寸 8 μm。当电压幅值为 6 V、频率为 300 Hz 时, 密度为 1200 kg/m³ 的颗粒七在运动过程中被流体拖拽力主宰, 能够被漩涡托起($F_z>0$), 并随着漩涡一起运动。在相同的条件下, 密度为 1500 kg/m³ 的颗粒八在运动过程中流体拖拽力无法克服重力作用($F_z<0$), 不能被漩涡捕获, 而是被平衡在悬浮电极中间, 实现了良好的分离效果。

◆ 2.6　基于非对称 ICEO 漩涡的颗粒仿真研究

2.6.1　非对称 ICEO 漩涡的形貌及流速分布特点

由于在二维平面内通过单纯的 ICEO 效应无法产生非对称的漩涡[136], 本小节在悬浮电极设计了 5 个圆弧缺口激发非对称 ICEO 漩涡, 并研究了微尺度颗粒在其中的运动规律, 如图 2-12 所示。在非对称 ICEO 漩涡仿真过程中, 溶液的电导率为 0.001 S/m, 溶液介电常数为 7.08 F/m, 添加的边界条件和控制方程与图 2-7(a)一致。凸圆弧处的漩涡强度大于对面漩涡的强度, 如图 2-12(a)中截面 1, 3, 5, 7, 9 处的流场分布。造成该现象的原因是凸圆弧处电场突变, 激发了较大的电场强度。相反, 在凹圆弧处的漩涡被对面漩涡主宰, 如图 2-12(a)中截面 2, 4, 6, 8, 10 处的流场分布。这种现象是由凹圆弧附近较弱的电场强度引起的。沿着不同截面 1, 3, 5, 7, 9/2, 4, 6, 8, 10 与距离底面

11 μm X-Y 界面的交线纵向流速如图 2-12(b) 和图 2-12(c) 所示。根据流速的变化规律可知：圆弧形缺口结构能够破坏悬浮电极上 ICEO 漩涡的对称性，增强了凸圆弧处的流体流速，降低了凹圆弧处的流体流速。

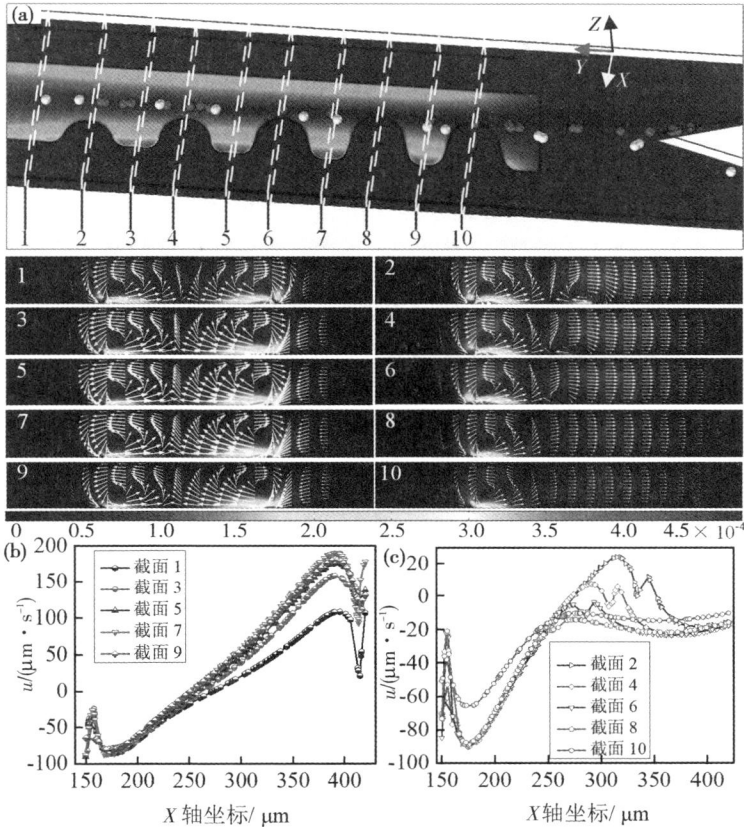

图 2-12　流速沿 X 轴的分布

(a) 通道内的电场分布；(b) 奇数截面处流速分布；(c) 偶数截面处流速分布。

带有圆弧缺口的悬浮电极上流体停滞线不再是平行于通道的直线，而是被重新塑造了，如图 2-13(a) 所示。当电压幅值为 6 V、频率为 200 Hz 时，圆弧形悬浮电极和传统的悬浮电极上的流场分布，如图 2-13(b-f) 所示。在这两种悬浮电极上定义了截线和截面去研究圆弧缺口对悬浮电极表面流场分布的影响。向上的流体流速对微尺度颗粒有向上提升的效应，而向前的流体流速对颗粒具有加速或减速的效果。在平面 2 上，沿着截线 L_2 和 L_4，向上的流速如图 2-13(b) 所示，向前的流速如图 2-13(c) 所示。在平面 1 中，与两侧几乎相等的

纵向流速 u_3，u_4 相比，u_1 和 u_2 的幅值具有明显的差异。u_1 表现出明显的波动，u_2 稍微小于 u_3。此外，u_1 和 u_2 均指向流体停滞线，如图 2-13（d）所示。

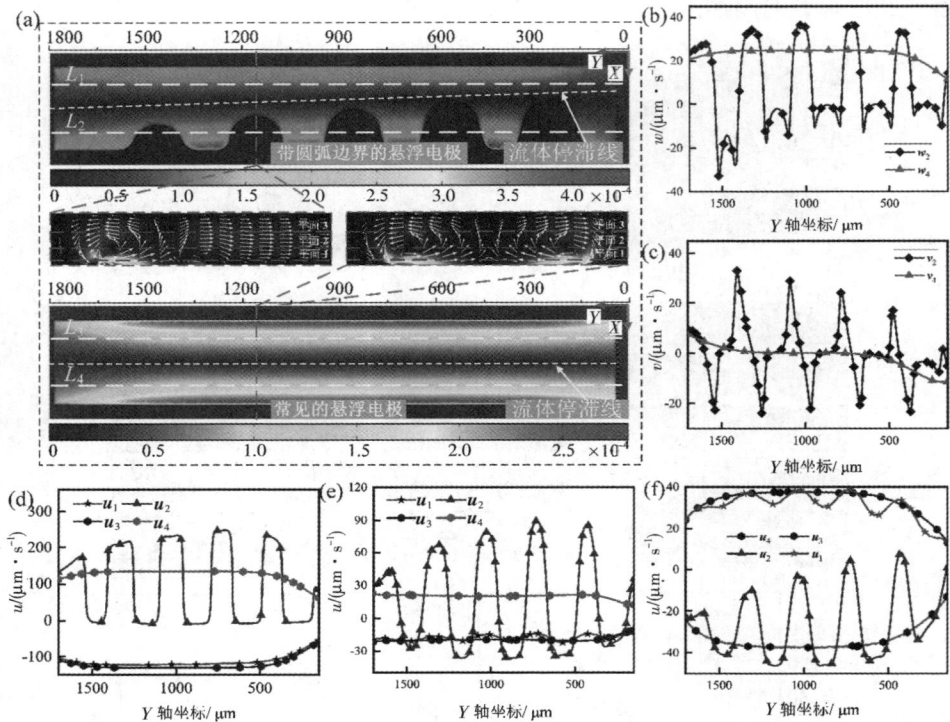

图 2-13　缺口悬浮电极和传统悬浮电极表面的流场分布对比

（a）两种电极上的流场分布；（b）向上流速沿着 Y 轴的变化；（c）向前流速沿着 Y 轴的变化；（d）平面 1 上横向流速沿着 Y 轴的分布；（e）平面 2 上横向流速沿着 Y 轴的分布；（f）平面 3 上横向流速沿着 Y 轴的分布。

如果漩涡强度不够，微尺度颗粒不能被漩涡捕获，而是形成了粒子流，沿着流体停滞线运动。在凸圆弧区域中，粒子流会受到一个向左的推动力，产生向左的偏移。如图 2-13（e）所示，在截面 2 上，凸圆弧区域中，纵向流速 u_1 依然指向流体停滞线，但是在凹圆弧区域，u_1 开始变大并指向右侧。u_2 的大小呈现出波动的现象，近似等于 u_4。与截面 1 上纵向流速方向相反，在较高的截面 3 上，u_1，u_3 指向左侧，u_2，u_4 指向右侧，如图 2-13（f）所示。值得注意的是，u_2 在平均值上开始超过 u_1，引起粒子流向右侧偏转。如果漩涡具有足够的力量去克服 Buoyancy 力，它们将会将微尺度的颗粒向上托起，被对面强大的漩涡推向右侧。因此，粒子束离开流体停滞线开始向右侧偏转。这样，能够实现粒子流大范围的偏转,并能实现从出口 A 切换至出口 B。除此之外,在非对称的 ICEO 漩涡引起的相同流体拖拽力的作用下,不同密度或不同尺寸的微尺度颗粒具有独特的运动状态。因此,在一个特定交流信号激发的非对称的 ICEO 漩涡中,不同性质的微尺度颗粒具有不同的运动轨迹,从而实现它们的分离。

2.6.2 颗粒在非对称 ICEO 漩涡中运动轨迹因素分析

颗粒在非对称 ICEO 漩涡中,当 $F_z>0$ 时,颗粒能够被托举到较高的通道平面,并随着流速较大的 ICEO 漩涡一起运动,产生相应的偏移;当 $F_z<0$ 时,颗粒被平衡在通道底部附近,在纵向流速的作用下,被推向流体停滞区域内,产生与流体停滞区方向一致的偏移。利用颗粒在对称 ICEO 漩涡中的不同的运动状态进行分离。基于上一小节中对非对称 ICEO 漩涡中流速分布的分析,该部分研究了微尺度颗粒在非对称 ICEO 漩涡中的运动行为,如图 2-14 所示。

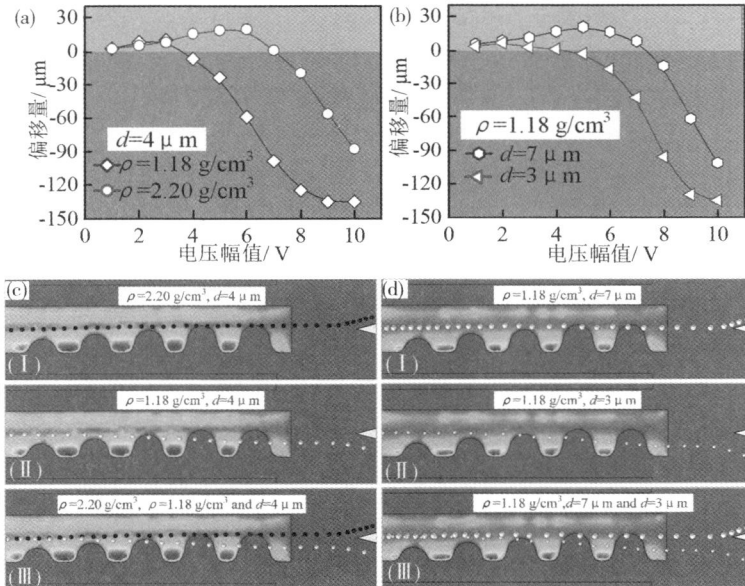

图 2-14 电压强度对颗粒运动偏移量的影响

(a)电压对不同密度颗粒偏移量的影响;(b)电压对不同尺寸颗粒偏移量的影响;(c)不同密度颗粒的运动轨迹;(d)不同尺寸颗粒的运动轨迹。

首先,研究了尺寸为 4 μm,密度为 2.20 g/cm³ 和密度为 1.18 g/cm³ 两种颗粒在不同电压下的偏移量,如图 2-14(a)所示。当电压强度较小时,轻的和重的颗粒均被平衡在通道底部,产生了向左的偏移。将电压提高到 4 V,轻的颗粒开始被提升到较高的平面并产生了一个向右的偏移。进一步将电压幅值提高到 7 V，密度大的颗粒产生了向右的偏移。密度大的颗粒和密度小的颗粒的运动轨迹如图 2-14(c)(Ⅰ)和(Ⅱ)所示。同时释放这两种颗粒，它们的运动轨迹如图 2-14(c)Ⅲ所示。因此，非对称 ICEO 漩涡在不同密度颗粒的分离方面具有巨大的潜力。其次，研究了尺寸为 7 μm 和 3 μm、密度为 1.18 g/cm³ 颗粒的偏移量随着电压变化的规律，如图 2-14(b)所示。当电压介于 1~4 V 之间，7 μm 和 3 μm 的颗粒均被平衡在通道底部，在非对称 ICEO 漩涡的作用下，产生了向左的偏移。当电压强度超过 4 V 时，3 μm 颗粒开始从通道底部逃逸出来，受到了一个向右的推力，从而产生了一个向右的偏移。继续将电压的幅值提高到 8 V，尺寸大的颗粒开始产生向右的偏移。当电压为 7 V、频率为 200 Hz 时，7 μm 和 3 μm 的颗粒的运动轨迹如图 2-14(d)(Ⅰ)和(Ⅱ)所示。在非对称 ICEO 漩涡中同时释放这两种颗粒，它们的运动轨迹如图 2-14(d)(Ⅲ)所示。由图 2-14 (d)Ⅲ可知：非对称 ICEO 漩涡在基于尺寸差异分离方面具有巨大的潜力。

2.6.3 非对称 ICEO 漩涡分离颗粒的仿真分析

基于上一步对微尺度颗粒在 ICEO 漩涡中运动行为的研究，该部分研究了非对称 ICEO 在微尺度颗粒分离方面的性能。图 2-15(a)(b)说明了颗粒的分离原理。

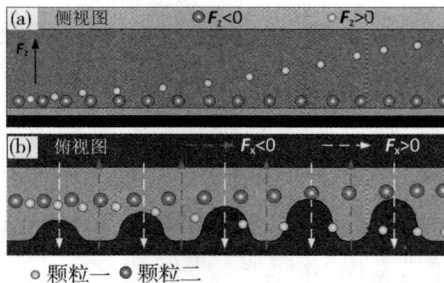

图 2-15 基于缺口结构悬浮电极激发的非对称 ICEO 漩涡的颗粒分离原理
(a)颗粒分离原理的侧视图；(b)颗粒分离原理的俯视图。

首先，侧视图如图 2-15(a)所示，由于向上的拖拽力主宰 Buoyancy 力(F_z>0)，颗粒一被提升到新的高度。俯视图如图 2-15(b)所示：在凹圆弧区域流体漩涡诱导的纵向推力(F_x>0)作用下(如图 2-12 中截面 1，3，5，7，9 处的流场)，颗粒一产生了一个向右的偏移。相反，颗粒二向上的拖拽力难以克服

Buoyancy 力($F_Z<0$)，它们被平衡在通道的底部。根据俯视图可以看出，在凸圆弧区域的漩涡(如图 2-12 中截面 2，4，6，8，10 处的流场)诱导的向左的推力($F_X<0$)的作用下，产生了向左的偏移。因此，当 $F_Z>0$ 时，颗粒被提升到更高的平面，在每个凹圆弧区域，在漩涡诱导的向右推力 $F_X>0$ 的作用下，颗粒产生了一个向左的偏移。当 $F_Z<0$ 时，颗粒停留在通道底部，在凸圆弧区域漩涡诱导的向左的推力($F_X<0$)的作用下，颗粒产生了一个向左的偏移。除此之外，颗粒在垂直方向受到的合力，可以通过改变电压频率和幅值进行调节。因此，在非对称 ICEO 漩涡的作用下，利用不同颗粒的不同运动状态，能够实现它们的分离。接着，通过数值模拟的方法研究了非对称 ICEO 漩涡技术在基于尺寸差异的颗粒分离方面的表现，如图 2-16 所示。当电压是 5 V、频率是 150 Hz 时，分离了尺寸为 2 μm 和 7 μm 的颗粒，它们的密度均为 1.75 g/cm³，如图 2-16(a)所示。7 μm 的颗粒产生向左的偏移，并被输送至出口 A，2 μm 的颗粒向右偏转，并被输送至出口 B，实现了二者的分离。如果将颗粒的尺寸差异缩小为 3 μm，当电压幅值为 5 V、频率为 100 Hz 时，分离了尺寸为 3 μm 和 6 μm 的颗粒，如图 2-16(b)所示。由图 2-16(b)可知：3 μm 和 6 μm 的颗粒被明显地分离，并且均被输送至预设的出口。又进一步将尺寸差异减少为 1 μm，分离了尺寸为 4 μm 和 5 μm 的颗粒。当电场的电压幅值为 5 V、频率为 100 Hz 时，在分离区域中获得了显著的分离效果，如图 2-16(c)所示。当电压为 6 V、频率为 150 Hz 时，分离了多种尺寸的颗粒，即直径 1~7 μm 的颗粒，如图 2-16(d)所示，因此，非对称 ICEO 漩涡在基于尺寸差异的颗粒分离方面具有较好的表现。

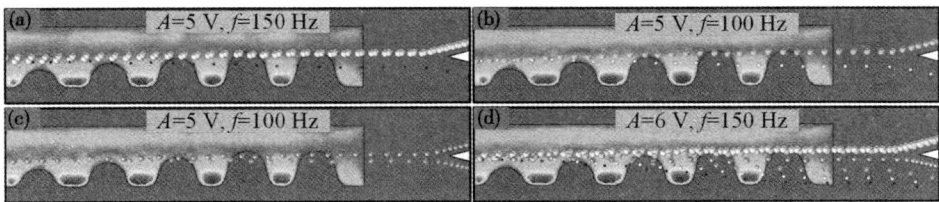

图 2-16　不同尺寸颗粒分离的仿真

(a)颗粒尺寸差异等于 5 μm；(b)颗粒尺寸差异等于 3 μm；(c)颗粒尺寸差异等于 1 μm；(d)颗粒尺寸为 1~7 μm。

其次，通过数值模拟的手段研究了非对称 ICEO 漩涡分离方法在基于密度差异颗粒分离方面的表现。将颗粒的尺寸定为 4 μm，通过改变颗粒的密度，研究了该方法在基于密度差异的颗粒分离，如图 2-17 所示。颗粒一的密度为 2.5 g/cm³、颗粒二的密度为 1 g/cm³ 时，它们的密度差为 1.5 g/cm³，颗粒一被输送到出口 A，颗粒二被输送至出口 B，实现了不同密度颗粒的分离，如图 2-17(a) 所示。将密度差异减小为 0.5 g/cm³ 和 0.25 g/cm³，两种颗粒均被成功分离，并被输送至预设的位置，如图 2-17(b) 和图 2-17(c) 所示。当两种颗粒的密度差又进一步减小到 0.125 g/cm³ 时，同样两种颗粒在分离区域的运动轨迹依然具有较大的差异，都被输送至预设的出口，如图 2-17(d) 所示。当频率为 100 Hz 时，研究了不同密度的 4 μm 颗粒在不同电压下垂直方向上受到的合力，如图 2-17(e) 所示。轻的颗粒被提升到较高的平面，离开了通道的底部，而提升密度较大的颗粒需要更大的电压强度。当电压为 8 V 时，4 μm 的颗粒在不同频率下受到的合力如图 2-17(f) 所示。根据图 2-17(f) 可知：颗粒在垂直方向受到的合力在频率为 200 Hz 时达到了最大值。

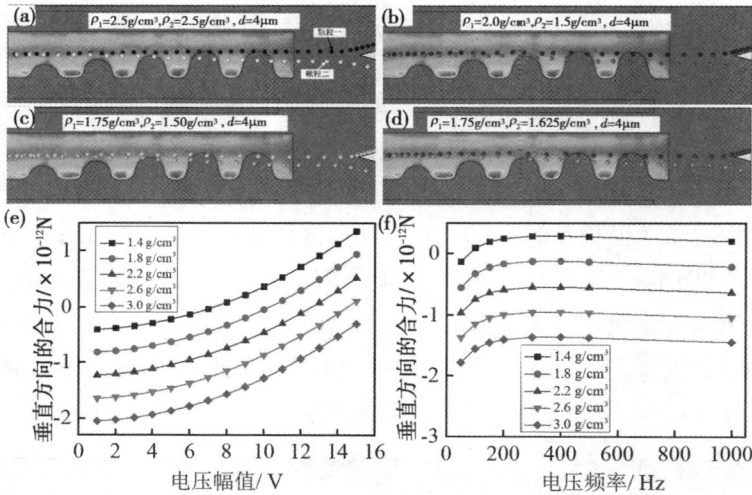

图 2-17　基于密度差异的颗粒分离

(a) 颗粒密度差异等于 1.5 g/cm³；(b) 颗粒密度差异等于 0.5 g/cm³；(c) 颗粒密度差异等于 0.25 g/cm³；(d) 颗粒密度差异等于 0.125 g/cm³；(e) 电压幅值对颗粒受到的合力的影响；(f) 电压频率对颗粒受到的合力的影响。

◆◇ 2.7　ICEO 漩涡分离颗粒的机理分析

基于前几节的理论分析和仿真研究，本节对基于 ICEO 漩涡的颗粒分离机理进行了分析和总结，如图 2-18 所示。在利用对称和非对称 ICEO 漩涡进行颗粒分离时，它们的分离机理是一致的。在特定参数激发的对称和非对称 ICEO

漩涡中，尺寸大和密度大的颗粒在 Z 轴方向受到的合力向下，$F_Z<0$，它们不能被漩涡捕获，而被平衡在流体停滞区。在对称 ICEO 漩涡中，颗粒被平衡在两个对称 ICEO 漩涡间，如图 2-18(a)所示，而在非对称 ICEO 漩涡中，颗粒被平衡在流体停滞区，产生向左的偏移，如图 2-18(b)所示。而尺寸小和密度小的颗粒在 ICEO 漩涡中受到的 Z 轴方向合力向上，$F_Z>0$，能够被提升到较高位置，随着非对称漩涡运动并发生纵向偏移。在对称 ICEO 漩涡中，这样的颗粒能够随着两侧对称的漩涡一起运动，颗粒被两侧漩涡捕获的概率相同，如图 2-18(c)所示。在非对称 ICEO 漩涡中，这样的颗粒被漩涡捕获，随着所在位置的漩涡一起运动，产生向右的偏移，如图 2-18(d)所示。不同的颗粒由于它们在密度、尺寸以及介电特性方面的差异，会引起它们在特定参数激发的对称和非对称 ICEO 漩涡中产生不同的运动轨迹，从而实现颗粒的分离，如图 2-18(e)和图 2-18(f)所示。

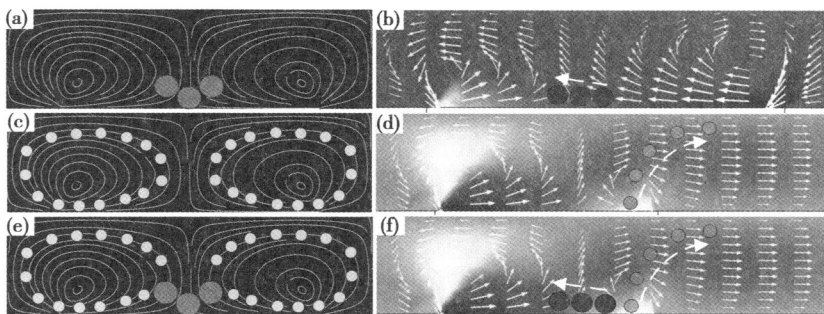

图 2-18　基于 ICEO 漩涡的颗粒分离机理示意图

(a)尺寸大和密度大的颗粒在对称 ICEO 漩涡中的运动；(b)尺寸大和密度大的颗粒在非对称 ICEO 漩涡中的运动；(c)尺寸小和密度小的颗粒在对称 ICEO 漩涡中的运动；(d)尺寸小和密度小的颗粒在非对称 ICEO 漩涡中的运动；(e)不同颗粒在对称 ICEO 漩涡中的分离；(f)不同颗粒在非对称 ICEO 漩涡中的分离。

◆◇ 2.8　本章小结

本章建立了基于 ICEO 漩涡颗粒分离的物理模型，研究了颗粒在 ICEO 漩涡中的运动轨迹并揭示了颗粒分离的机理，研究结果如下。

① 从双电层充电动力学和 Maxwell-Wagner 界面极化的基本理论出发，分析

了不同形式的颗粒样本在 ICEO 漩涡中的极化特性和受力情况，建立了颗粒在 ICEO 漩涡中的运动方程。通过耦合电场、流场和重力场建立了 ICEO 漩涡分离颗粒的物理模型。

② 通过数值模拟研究了颗粒在对称和非对称 ICEO 漩涡中的运动轨迹，分析了电压幅值和频率，颗粒的密度、尺寸和介电特性对颗粒运动轨迹的影响。通过数值仿真研究了对称和非对称 ICEO 漩涡在基于密度差异和尺寸差异颗粒分离方面的表现，揭示了基于 ICEO 漩涡的颗粒分离机理，为后续的实验研究和应用研究奠定了理论基础。

3 基于诱导电荷电渗漩涡的颗粒调控规律与分离性能

◈ 3.1 引言

　　基于漩涡的颗粒分离技术具有无接触、易激发等优势[80]，在分离复杂状态的颗粒方面具有较大的潜力，因此该分离技术受到了广泛关注。目前，一些被动漩涡颗粒技术被开发出来[75, 80, 93]。虽然这些漩涡分离技术能够用来分离胶体颗粒、生物细胞等样本，但是它们存在一定的局限性，如漩涡的形貌和强度不能灵活调控。在处理新的样本时，这些技术需要改进或者重新设计分离装置[137]。尤其是在分离复杂状态的样本时，当前技术的局限性就会表现得更加突出。不仅带来繁重的重新设计和加工工作，还延长了研究周期，浪费了时间和成本[74]。因此，需要利用可以灵活调控的漩涡去开发新的颗粒分离技术，克服当前技术的局限性。

　　ICEO 漩涡是一种在电场激发下，在悬浮导体表面形成的漩涡；并且该漩涡的强度可以通过改变电场的强度、频率等参数进行灵活控制，它的形貌可以通过改变电场的分布或悬浮电极的形状进行重塑。此外，已经有科学家证明 ICEO 漩涡在颗粒操纵方面的可行性，但是到目前为止，还没有出现利用 ICEO 漩涡进行颗粒分离的研究。针对该现状，本章从实验角度研究了 ICEO 漩涡的颗粒参数调控规律和分离性能。

　　在本章中，设计和加工了激发对称和非对称 ICEO 漩涡的微流芯片，并搭建了研究 ICEO 漩涡分离颗粒的实验平台。通过实验研究颗粒在对称和非对称 ICEO 漩涡中的电动平衡状态，并研究电压幅值、频率等参数对运动状态的调控规律影响。在此基础上，实验验证两种状态的 ICEO 漩涡进行颗粒分离方面的可行性，研究这两种状态的漩涡在基于密度差异和尺寸差异颗粒分离的性能，以及流体流速、溶液电导率等因素对分离效果的影响。

◆◆ 3.2 基于 ICEO 漩涡颗粒分离芯片的加工工艺

基于 ICEO 漩涡颗粒分离微流控芯片的制作工艺主要分为三个步骤：PDMS 通道的加工、氧化铟锡（indium tin oxide，ITO）电极的加工和芯片的封装。PDMS 通道和 ITO 电极加工过程中所需要的材料和仪器如表 3-1 所示，本节展示了微流控芯片的详细加工工艺。

表 3-1 芯片加工所需的器材

设备/材料	型号	来源
正胶光刻胶	AZ4620	西安博研微纳信息科技有限公司
ITO 导电玻璃	50×30 mm	深圳华南湘城科技有限公司
甩胶机	KW-4A	北京中科院微电子研究所
数控数显电热板	EH35B	北京莱伯泰科仪器
紫外曝光箱	HT-2030D	天津市武清教学设备厂
光刻胶显影液	AZ400K	西安博研微纳信息科技有限公司
超纯水处理系统	Master-D UFV	上海和泰仪器
壁纸刀	98758915	上海吉列有限公司
盐酸	分析纯	洛阳昊华化学试剂有限公司
氯化铁	分析纯	天津致远化学试剂有限公司
高纯氮气		哈尔滨黎明气体有限公司
去胶液	NMP EL 级	西安博研微纳信息科技有限公司
干膜	SD238	Dupont
干膜显影液	分析纯	天津市恒兴化学试剂制造有限公司
恒温干燥箱	PH-070	一恒科学仪器有限公司
二甲基二氯硅烷	440272	Sigma-Aldrich
真空釜	CX-001	大连市爱科仪器开发有限公司
聚二甲基硅氧烷	Sylgard 184	道康宁
医用打孔器	直径 1 mm	Acuderm Inc.
等离子清洗机	ZEPTO	Diener electronic GmbH
高纯氧气		哈尔滨黎明气体有限公司

表3-1(续)

设备/材料	型号	来源
定量移液器	容积200 μL	Eppendorf Research
倒置显微镜	CKX41	Olympus corporation
计时器	JS901	科舰

3.2.1　PDMS 通道的加工流程

PDMS 通道是用干膜通过标准软光刻技术加工出模具,浇筑并固化 PDMS 形成的特定结构通道,如图 3-1(a)所示。加工流程共包括 9 个步骤,具体的操作过程如下。

(1)PDMS 通道掩膜的设计与加工

在 AutoCAD 2016 中对需要的掩膜板进行设计。设计过程考虑加工工艺的精度,注意最小结构的尺寸,考虑加工的误差,设计的结构留有余量。将设计好的通道结构图纸发送至昆山凯盛公司进行加工。

(2)干膜的粘贴

在 PDMS 通道加工过程中,需要事先准备一块长度为 5 cm、宽度为 6 cm 的浮法玻璃作为玻璃基底。用去离子水将玻璃清洗干净后,用氮气将其吹干。然后在玻璃的一侧添加 1 mL 的去离子水,将裁剪好的干膜贴在玻璃基底上,并排出空气。将贴好干膜的玻璃基底用 A4 纸包裹后,放入塑封机中进行处理,在加热模式下挤压 4 次。冷却后将第一层干膜表面的保护膜去掉,添加 1 mL 的去离子水,再贴上第二层干膜。排出空气后,放入纸中,并进行塑封处理。在冷却的模式下塑封挤压 4 次。

(3)曝光处理

将掩膜覆盖在干膜上,将有墨的一侧与干膜贴紧。然后将一块浮法玻璃盖在掩膜上,并用夹子夹紧。将干膜放在卤素灯下进行曝光,注意掩膜一侧朝上。在 0 至 1 min 38 s 之间,用遮光板将干膜遮住,防止被光破坏。时间到 1 min 38 s后,立刻将遮光板拿开,曝光 12 s。时间到 1 min 50 s,立刻将卤素灯关闭,完成曝光处理。

(4)显影处理

在显影的过程中,本书用质量分数为 1.5% 的 Na_2CO_3 溶液去除不需要的结构,保存设计的通道结构。显影过程尽量在 4 min 内完成,并用去离子水及时冲洗，之后用氮气吹干。

（5）干燥处理

在烤箱温度为 50 ℃ 的条件下，将用氮气吹干的干膜通道模具放入烤箱进行干燥处理，处理时间为 5 min，干燥处理完成后在显微镜下检查模具的结构是否发生变形。

（6）硅烷化处理

用锡箔纸将加工好的通道包裹，并放入真空釜中。在通风橱中吸取 100 μL 二甲基二氯硅烷进行硅烷化处理，以消除表面能。具体操作如下：先在真空釜中进行抽真空处理 5 min，然后将真空釜与外界空气相通，使二甲基二氯硅烷自然沉降处理 7 min。

（7）配置 PDMS

将 PDMS 和固化剂按照 10：1 的比例倒入一次性杯子中，并用玻璃棒搅拌 8 min，使两者充分混合。

（8）PDMS 通道的加工

将混合好的 PDMS 注入干膜模具上，然后放入烤箱，在真空釜中抽真空 40 min，将 PDMS 中的气泡全部排除。然后将 PDMS 放入烤箱中，在 80 ℃ 的环境中进行固化处理，时间为 1 h。

（9）PDMS 通道的后处理

将固化后的 PDMS 通道从烤箱中取出，并进行常温冷却处理，之后将通道从干膜模具上剥离，并用胶带将通道保护起来，防止被灰尘污染。

3.2.2 ITO 电极的加工流程

ITO 电极的加工是利用标准软光刻工艺对 ITO 玻璃上设计的结构用光刻胶进行覆盖，然后利用浓盐酸对 ITO 导电玻璃进行刻蚀处理，去掉不需要的结构，得到具有导电性能且透明的电极结构，如图 3-1（b）所示。具体加工流程共分为以下 8 个步骤。

（1）清洗玻璃

在 ITO 电极加工之前，先准备一块长度为 40 mm、宽度为 30 mm 的 ITO 导电玻璃，在酒精中和去离子水中进行清洗处理。清洗后，用氮气吹干，然后放入烤箱中，在 120 ℃ 的条件下干燥 30 min。

（2）匀胶处理

将正胶光刻胶（AZ4620）滴在 ITO 玻璃导电薄膜上，并通过旋转且倾斜角度的方式，将光刻胶摊开，直到覆盖至导电薄膜总面积的一半以上为止。然后将 ITO 玻璃放入甩胶机中进行匀胶处理，转速为 3000 r/min，持续 2 min。

（3）坚膜处理

将匀胶后的 ITO 玻璃放在热板上，温度调为 100 ℃，进行 6 min 的坚膜处理，在坚膜处理过程中，用玻璃培养皿将 ITO 玻璃覆盖，防止被污染和破坏。

（4）曝光处理

将加工好的电极掩模板具有墨的一侧与光刻胶贴紧，放入曝光箱中，掩膜对准曝光箱打光一侧，并用遮光板覆盖于 ITO 电极上边。将曝光时间设置为 180 s。

（5）显影处理

将曝光后的 ITO 玻璃放入显影液中，进行显影处理。在显影过程中，不断震荡显影液，提高显影速度和质量。显影处理在 5 min 内完成。将显影后的 ITO 玻璃用去离子水清洗，并用氮气吹干。

（6）二次坚膜处理

将显影结束后的 ITO 电极放在热板上进行二次坚膜处理，温度为 110 ℃，持续时间为 6 min。二次坚膜处理后，将 ITO 玻璃冷却，之后在显微镜下观察。按照设计要求，在没有电极的位置，如果有光刻胶覆盖，用壁纸刀片将光刻胶去除。

（7）刻蚀处理

将 ITO 玻璃放入质量分数为 60% 的盐酸溶液中，并加入一定量的氧化铁当作催化剂，进行刻蚀处理，处理时间为 12 min。刻蚀结束后，用去离子水和洗洁精进行冲洗，并用氮气进行干燥处理。

（8）去胶处理

将 ITO 电极放入去胶液中进行去胶处理，时间为 4 min。然后用去离子水将电极冲洗干净，并用氮气将其吹干。注意：去胶液的腐蚀性比较强，需要将去胶液放入玻璃容器中。注意：不能超过玻璃容器容积的一半，去胶过程应防止去胶液洒出，破坏桌面。

3.2.3 芯片的封装

激发 ICEO 漩涡的微流控芯片的封装处理是在 PDMS 通道和 ITO 电极前处

理之后，通过键合技术进行黏合处理，形成密封良好的空间，如图 3-1(c)所示。芯片的封装具体包括如下 4 个步骤。

（1）PDMS 通道前处理

利用壁纸刀将 PDMS 通道周边的多余部分切除，用特定尺寸的打孔器在设计的位置进行打孔处理。在操作过程中，保证有通道的一侧始终有胶带保护，不能被污染。注意：为了提高键合强度，可以在没有通道的位置进行打孔处理。

（2）ITO 电极的前处理

利用丙酮和酒精对 ITO 电极进行清洗，去除残余的光刻胶，然后用洗洁精对 ITO 电极表面进行两次清洗，最后用去离子水反复冲洗，并用氮气对电极进行干燥处理。

（3）亲水处理

将清洗干净并经过干燥处理的 ITO 电极和 PDMS 通道放入等离子清洗机中进行氧气 Plasma 处理，增加 ITO 电极和 PDMS 通道的亲水性，以保证 ITO 电极和 PDMS 通道在键合过程中生成牢固的化学键。

（4）芯片键合

将去离子水滴于 ITO 电极之上，然后将 PDMS 通道放在电极上，在显微镜下对齐，静置 90 min，然后放在平坦的桌面上静置 2 h 实现芯片的封装。

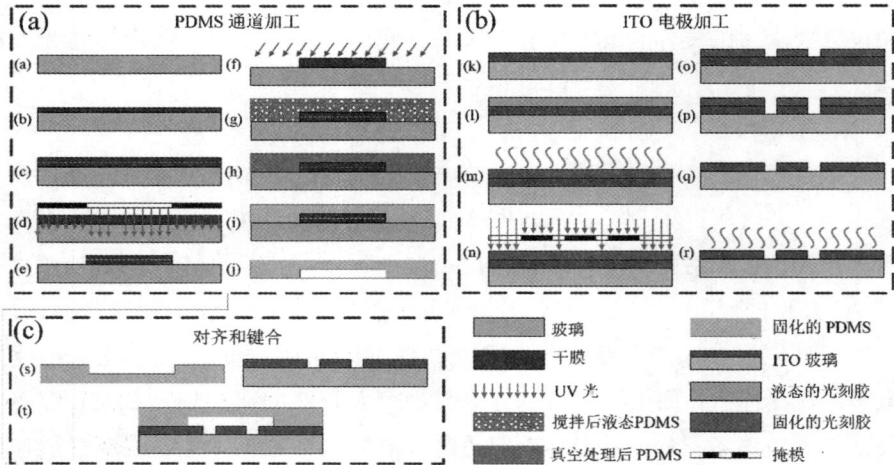

图 3-1　芯片的加工工艺

（a）PDMS 通道的加工；（b）ITO 电极的加工；（c）通道和电极的对齐与键合。

◆◇ 3.3　ICEO 漩涡颗粒分离实验系统的搭建

3.3.1　微流控芯片的制作

　　为了验证上一章中的理论和数值模拟的正确性,本小节在加工微流控芯片和搭建实验系统的基础上,进行颗粒分离实验研究。首先以基于对称 ICEO 漩涡颗粒分离装置为例叙述微流控芯片的制作过程。激发对称 ICEO 漩涡芯片的示意图,如图 3-2(a)和图 3-2(b)所示。该装置由 ITO 电极和 PDMS 通道组成。ITO 电极包含左右激发电极和中间的悬浮电极。激发电极被施加一个交流电信号,悬浮电极在电场的激发下产生对称的 ICEO 漩涡。PDMS 通道能够引导流体定向运动,并且方便观察微尺度颗粒的运动情况。

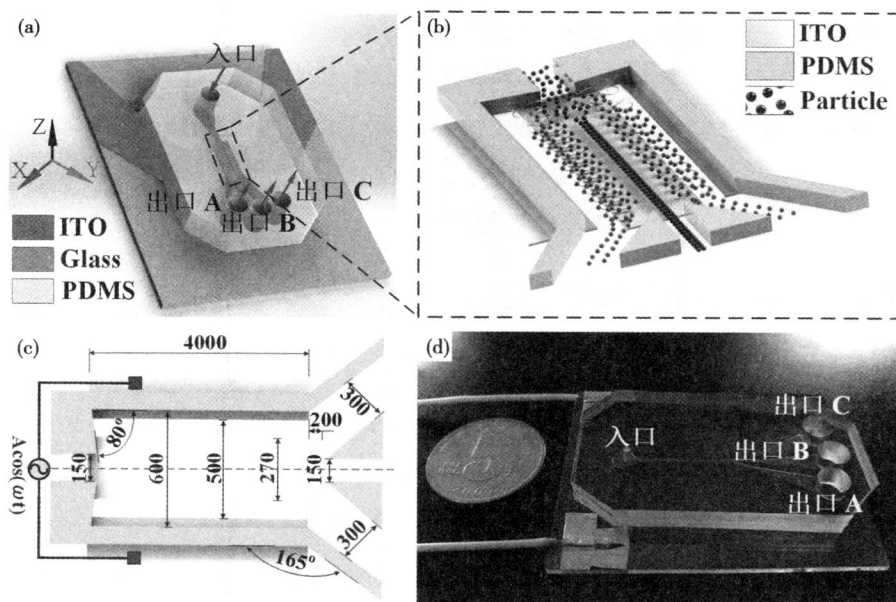

图 3-2　激发对称 ICEO 漩涡芯片示意图

(a)芯片的整体示意图;(b)对称 ICEO 漩涡分离原理;(c)芯片的具体尺寸;(d)芯片的实物照片。

在工作过程中，通过调节电场的强度能够调整悬浮电极上双电层的电势差，进而改变 ICEO 漩涡的强度。根据上一章的理论可知，不同属性的微尺度颗粒在特定工作参数下的对称 ICEO 漩涡中呈现出两种不同的电动平衡状态：①被漩涡捕获并随着漩涡一起运动；②不能被漩涡捕获而平衡在悬浮电极的流体停滞区。不同的颗粒的物理特性不同，比如密度、尺寸、形状等，这些差异使得它们在特定的对称 ICEO 漩涡中呈现出不同的运动状态。红色和蓝色的颗粒混合物伴随分离缓冲液被注入通道，进入对称 ICEO 漩涡的作用范围内。红色颗粒在对称 ICEO 漩涡中做离心运动，最终被聚集在对称 ICEO 漩涡中间的流体停滞区。相反，蓝色颗粒被 ICEO 漩涡捕获并随着 ICEO 漩涡做螺旋运动。

基于 3.2 节中芯片的加工工艺，本小节对激发对称 ICEO 漩涡的芯片进行了加工。分离装置的具体尺寸如图 3-2(c) 所示。实验装置的实物照片如图 3-2(d) 所示。在实验过程中，混合的颗粒样本溶液通过入口被注入装置。通过调节施加在左右激发电极上的正弦信号实现对对称 ICEO 漩涡的控制。在特定的工作参数下，不能被漩涡捕获的颗粒在 ICEO 漩涡的作用下做离心运动，最终从 ICEO 漩涡中逃逸出来，被电极表面的流体纵向流动拖拽至悬浮电极中间的流体停滞区，进而流向出口 B。被漩涡捕获的微尺度颗粒，随着漩涡做向心的螺旋运动，最终被捕获在漩涡中心，流向出口 A 和 C。这样就实现了微尺度颗粒的分离，从出口 A，B 和 C 获得需要的颗粒。

3.3.2　实验系统的组成与搭建

加工完激发对称 ICEO 漩涡的芯片之后，本小节搭建了基于 ICEO 漩涡的颗粒分离实验系统。该系统共 7 部分，具体包括信号发生器、信号放大器、微流控芯片、微注射泵、显微镜、高速摄像机和计算机，该系统的示意图如图 3-3(a) 所示。实验过程中使用的仪器和试剂的来源和型号如表 3-2 所示。

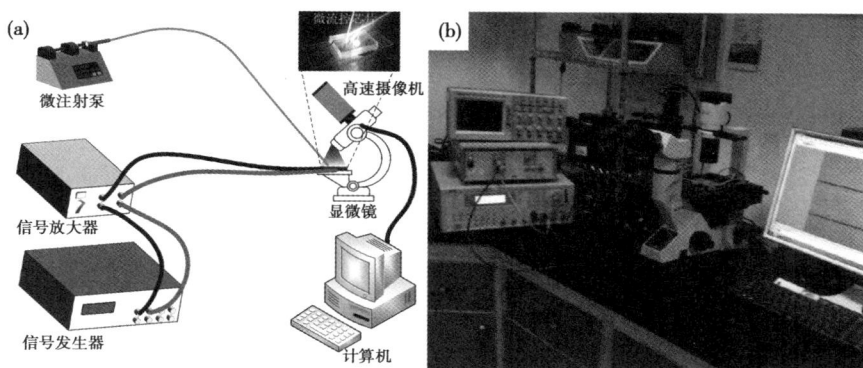

图 3-3 ICEO 漩涡分离颗粒分离实验系统的搭建

(a)颗粒分离实验系统的示意图；(b)颗粒分离实验系统的实物照片。

表 3-2 ICEO 漩涡颗粒分离需要的仪器和试剂

仪器与材料	型号	来源
正置荧光显微镜	BX53	Olympus 公司
数字摄像机	Retiga-2000R	QImage
倒置显微镜	DP27	Olympus 公司
高速摄像机	CKX41	Olympus 公司
信号发生器	TGA12104	TTi
信号放大器	Model2530	TEGAM
示波器	TDS2024	Tekronix
微量注射泵	PHD 2000 Series	Harvard Apparatus
气密性注射器	容积 10 mL	上海通环医疗器械有限公司
超纯水系统	Master-D UFV	HITECH
等离子机	ZEPTO	Diener
离心机	LC-LX-H165A	力辰科技
超声波清洗机	61386797933	深超洁
拉曼光谱仪	inVia-Reflex, UK	Renishaw
扫描电子显微镜	SU8010	HITACHI 公司
二氧化硅颗粒	直径 4 μm	Sigma 公司
PMMA 颗粒	直径 4 μm	Sigma 公司
PS 颗粒	直径 2 μm, 5 μm	Sigma 公司

表3-2(续)

仪器与材料	型号	来源
PS 纳米颗粒	直径 500 nm	Bangslabs 公司
铜纳米颗粒	直径 600 nm	Sigma 公司
酵母细胞		Sigma 公司
藻类细胞		海尔斯生物有限公司
氧化石墨烯		Leadernano 科技有限公司

在实验操作中,信号发生器和信号放大器用于生成所需的信号,通过改变电压参数,可以表征颗粒在 ICEO 漩涡中运动状态的幅值响应和频率响应。该微流控芯片在外加电场的作用下,悬浮导体表面产生对称的 ICEO 漩涡,能够实现对颗粒样本的驱动。微量注射泵能够精确地控制微流控芯片中流体的流速。显微镜能够清楚地观察微流控芯片中颗粒的运动行为,以及颗粒的分离情况。高速摄像机能够记录颗粒在 ICEO 漩涡中的运动轨迹,表征颗粒运动行为和分离效果。计算机用于控制高速摄像机的工作状态,并对表征颗粒运动行为的数据进行记录和存储。搭建 ICEO 漩涡分离颗粒实验系统的实物照片如图3-3(b)所示。

◆◇ 3.4　对称 ICEO 漩涡的颗粒参数调控规律

为了描述不同电压下颗粒运动状态随着频率的变化规律,定义了三个指标:聚集效率、聚集宽度和聚集距离。颗粒的聚集效率可以利用式(3-1)计算:

$$R = N_f / N_a \tag{3-1}$$

式中:N_f——粒子流中的颗粒数量(个);

N_a——进入分离装置的颗粒总数量(个)。

聚集宽度表征了在微尺度颗粒运动达到平衡状态后粒子束的宽度。聚集距离描述了从通道入口到聚集宽度成为常数的距离。定义聚集宽度和聚集距离的示意图,如图3-4所示。

在研究微尺度颗粒电动平衡状态时样本的处理方法如下:50 mg 的干酵母被放在温度为 20 ℃ 的去离子水中复苏 20 min,然后在温度为 50 ℃ 的去离子水中培养 2 h 以获得尺寸比较均匀的酵母细胞。将复活的干酵母放进离子水中并在室温的条件下培养两天以获得尺寸不均匀的酵母细胞。将酵母细胞进行离心

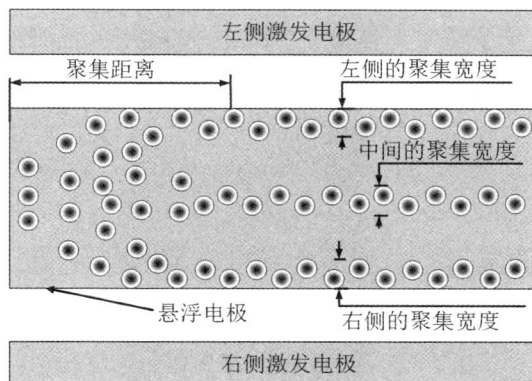

图 3-4　聚集距离和聚集宽度的定义

处理和超声处理以获得纯净的酵母细胞。为了获得纯净的酵母细胞样本，利用移液器吸取 2 mL 培养后的酵母细胞放入离心管中进行后处理。将细胞溶液放入离心机处理 30 s，然后用电导率为 10 μS/cm 的电解液替换酵母培养液。接着将酵母样本放入超声机里处理 30 s。完整的酵母提纯步骤需要重复 6 次，以获取纯净的酵母细胞样本。微纳米颗粒在转速为 3000 r/min 的条件下处理 5 min 后，用电导率为 10 μS/cm 的缓冲溶液替换原溶液，从而获得特定电导率颗粒样本溶液。

　　准备好样本之后，对微尺度颗粒在 ICEO 漩涡中的运动行为进行研究，具体实验过程中的操作如下：用显微镜监测微尺度颗粒在 PDMS 通道中的运动行为，用数字摄像机（Retiga-2000R）记录微尺度颗粒的运动轨迹；交流信号由信号发生器生成；基于对称 ICEO 漩涡的分离装置被固定在正置荧光显微镜（BX53）的操作平台上；微尺度颗粒在通道中的运动轨迹采用倒置显微镜（DP27）进行记录；在进行每一组实验之前，分离装置的内部通道需要利用等离子机进行亲水处理；除此之外，通道内壁需要用吐温 20 溶液进行浸泡，避免颗粒和细胞粘电极；包含颗粒和细胞的缓冲溶液通过与 10 mL 的玻璃注射器连接的塑料管注入分离装置中；将注射器固定在自动注射泵上以控制颗粒样本在分离芯片中的运动速度；施加在分离装置上的交流信号通过信号放大器被放大 25 倍后，连接在分离装置上，放大后的信号通过示波器进行检测和核实。

　　本节首先研究了对称 ICEO 漩涡对 5 μm PS 颗粒和 4 μm 二氧化硅颗粒电动平衡状态的参数调控规律。图 3-5 展示了 5 μm PS 颗粒在不同的电压下，聚集比例 [图 3-5（a）-（d）] 和聚集宽度 [图 3-5（e）-（h）] 随频率的变化规律。

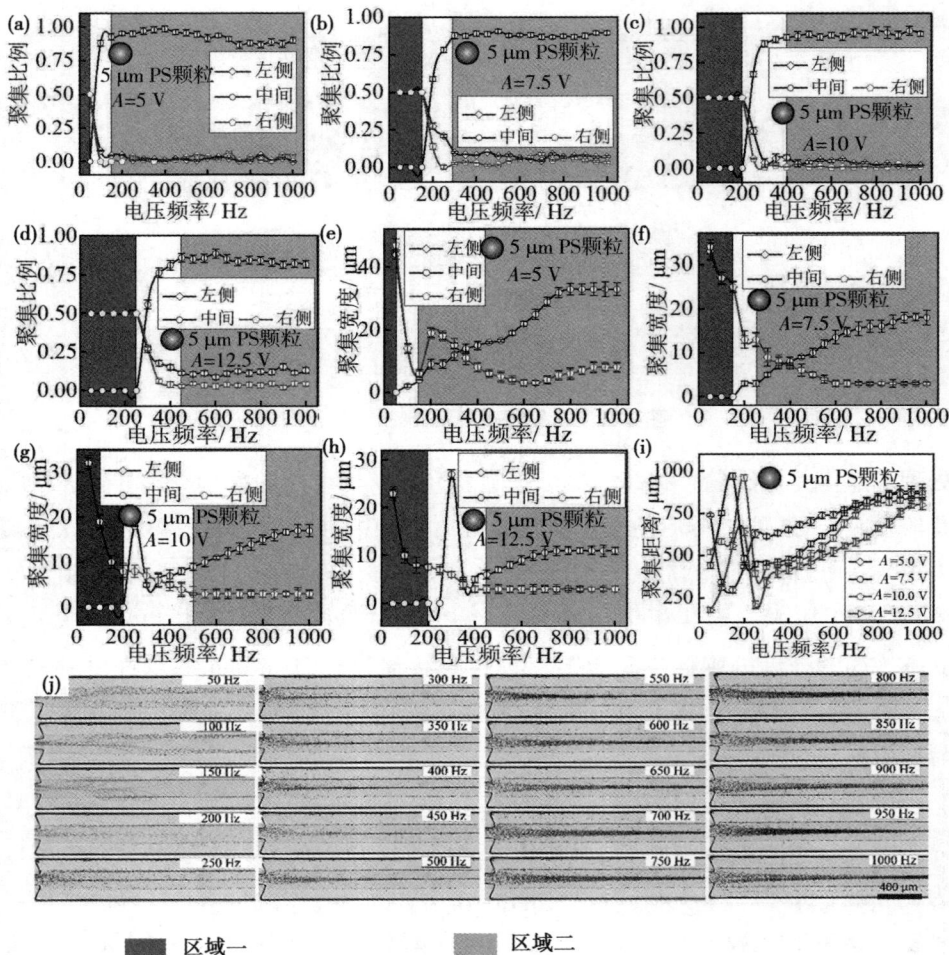

图 3-5　5 μm PS 颗粒的电动平衡状态

（a）5 μm PS 颗粒的聚集比例：$A=5$ V；（b）5 μm PS 颗粒的聚集比例：$A=7.5$ V；（c）5 μm PS 颗粒的聚集比例：$A=10$ V；（d）5 μm PS 颗粒的聚集比例：$A=12.5$ V；（e）5 μm PS 颗粒的聚集宽度：$A=5$ V；（f）5 μm PS 颗粒的聚集宽度：$A=7.5$ V；（g）5 μm PS 颗粒的聚集宽度：$A=10$ V；（h）5 μm PS 颗粒的聚集宽度：$A=12.5$ V；（i）不同频率下 5 μm PS 颗粒的聚集距离；（j）当 $A=7.5$ V 时，5 μm PS 颗粒的聚集照片。

根据图 3-5（b）可知，当电压幅值为 7.5 V、频率介于 50~200 Hz 时，所有的 5 μm PS 颗粒被两侧的 ICEO 漩涡捕获并在悬浮电极两侧达到平衡状态，聚集宽度从 32.01 μm 降低到 7.12 μm，如图 3-5（f）所示。当频率介于 400~1000 Hz，大部分的 5 μm PS 颗粒从 ICEO 漩涡中逃逸出来并在悬浮电极中间达到平衡状态，如图 3-5(b)所示，聚集宽度从 7.21 μm 增加到 17.13 μm，如图 3-5(f)所示。

此外，在不同的电压强度下，5 μm PS 颗粒的聚集比例和聚集宽度的频率特性呈现出相同的变化趋势。在区域一所指示的频率范围内，如图 3-5(a)-(h)所示，该颗粒表现出对称 ICEO 漩涡中的第一种电动平衡状态，几乎所有的 PS 颗粒被漩涡捕获，并被平衡在悬浮电极两侧。相反，在区域二所指示的频率范围内，如图 3-5(a)-(h)所示，5 μm PS 颗粒表现出第二种电动平衡状态(全部颗粒被平衡在流体停滞区)。图 3-5(i)展示了 5 μm PS 颗粒的聚集距离和频率之间的关系。随着频率的增加，平衡在悬浮电极两侧的粒子束宽度呈现出增加的趋势，而被平衡在悬浮电极中间的粒子束宽度呈现出降低的趋势。当电压幅值为 7.5 V 时，5 μm PS 颗粒电动平衡状态的实验照片，如图 3-5(j)所示。

4 μm 二氧化硅颗粒始终被平衡在悬浮电极中间，粒子流的宽度和聚集距离随着频率的变化规律如图 3-6(a)和图 3-6(b)所示。由图 3-5(i)和图 3-6(b)可知，4 μm 二氧化硅颗粒和 5 μm PS 颗粒在聚集距离入口 1000 μm 范围内均达到平衡状态。当频率介于 50~1000 Hz 时，没有 5 μm PS 颗粒逃离到悬浮电极外侧，但是少量 4 μm 二氧化硅颗粒逃离到悬浮电极外侧。4 μm 二氧化硅颗粒逃逸到悬浮电极以外的比例随着频率的变化规律如图 3-6(c)所示。当电压为 7.5 V 时，4 μm 二氧化硅颗粒在不同频率下的平衡状态的实验图片如图 3-6(d)所示。

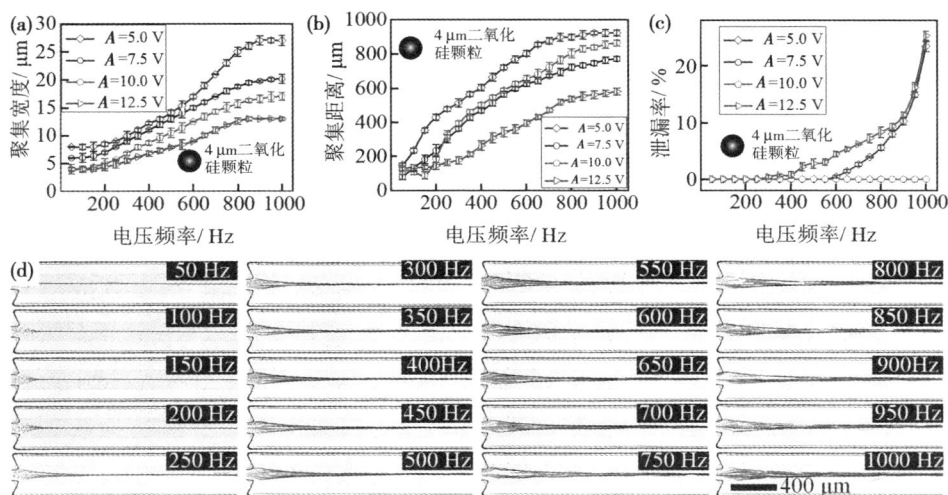

图 3-6　4 μm 二氧化硅颗粒的电动平衡状态

(a)不同频率下 4 μm 二氧化硅颗粒聚集宽度；(b)不同频率下 4 μm 二氧化硅颗粒聚集距离；(c)不同频率下 4 μm 二氧化硅颗粒泄漏率；(d)电压为 7.5 V 时，4 μm 二氧化硅颗粒聚集过程。

◆◇ 3.5 对称 ICEO 漩涡的颗粒分离性能

3.5.1 基于对称 ICEO 漩涡颗粒分离实验验证

根据二氧化硅颗粒和 5 μm PS 颗粒的电动平衡状态的差异,本小节通过分离两种颗粒验证对称 ICEO 漩涡分离方法的可行性。当没有外加电场时,二氧化硅颗粒和 5 μm PS 颗粒在微通道中自由运动,并随机地流向出口 A,B,C。当电场的频率为 150 Hz、电压为 7.5 V 时,这两种颗粒实现了很好的分离,如图 3-7 所示。在分离过程中,5 μm PS 颗粒被 ICEO 漩涡捕获,并且被平衡在悬浮电极两侧。在对称 ICEO 漩涡的持续作用下,该颗粒被聚集成纤细且稳定的粒子束并沿着悬浮电极两侧向前运动。而二氧化硅颗粒不能被对称 ICEO 漩涡捕获,而是被平衡在悬浮电极流体停滞区。二氧化硅颗粒被聚集为纤细的粒子流,沿着悬浮电极中线运动。分别在放大 4 倍和 10 倍的条件下观察了这两种颗粒的运动情况,所有的二氧化硅颗粒被分离出来后流向了出口 B。与此同时,被分离出来的 5 μm PS 颗粒流向了出口 A 和 C。根据图 3-7 可知,在实验中,对称 ICEO 漩涡在颗粒分离中具有出色表现。分离效率的计算方法包含以下四步:①对一定条件下不同出口获得的颗粒样本进行提取并滴在玻璃片上,在显微镜下进行拍照,在不同的视野下拍摄 6 张照片;②对每张照片中各种颗粒的数量进行统计,计算出每个出口各种颗粒的比例;③样本分离过程每隔 10 min 对分离后的样本进行提取和拍照,并进行各种颗粒比例的计算,该过程共重复 3 次;④将 3 次计算获得各种颗粒的比例的平均值作为分离效率,标准差作为误差。由于流体的流速对分离装置的分离能力具有重要的影响,因此在电压为 7.5 V、频率为 150 Hz 时,研究了流体流速对芯片分离效率的影响,如图 3-8 所示。如果流体流速提高到 28.8 μL/h 时,5 μm PS 颗粒的纯度为(97±0.3)%。

在进行实验验证之后,本小节建立了一个与实验中芯片一致的仿真模型,并进行数值仿真模拟 4 μm 二氧化硅颗粒和 5 μm PS 颗粒的分离过程来验证仿真模型的正确性。建立的二维仿真模型如图 3-9(a)所示。横向流速沿着 Z 轴方向的变化和纵向流速沿着 X 轴方向的变化如图 3-9(b)(c)所示。在微通道内漩涡分布和纵向流场分布如图 3-9(d)所示。当电压为 7.5 V、频率为 150 Hz

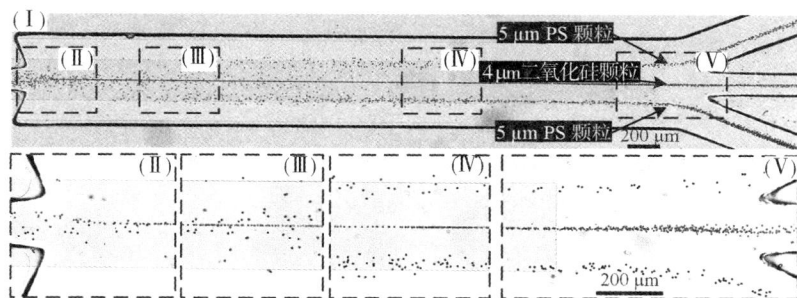

图 3-7 对称 ICEO 漩涡分离能力的实验验证

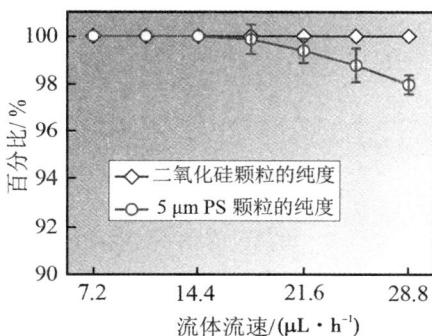

图 3-8 流体流速对分离效率的影响

时，图 3-9(e)中 5 μm PS 颗粒被 ICEO 漩涡捕获，4 μm 二氧化硅颗粒被平衡在流体停滞区，粒子群分布状态模拟了颗粒运动轨迹。5 μm PS 颗粒随着漩涡一起做螺旋运动。在负 DEP 力作用下，5 μm PS 颗粒做向心运动，最终被平衡在悬浮电极两侧漩涡中心。相反，4 μm 二氧化硅颗粒不能被 ICEO 漩涡捕获并逃离了 ICEO 漩涡的作用范围。在电渗流纵向拖拽力作用下，4 μm 二氧化硅颗粒被平衡在悬浮电极中间的流体停滞区。4 μm 二氧化硅颗粒在流体停滞区被聚集成纤细的粒子束，达到平衡状态。根据运动轨迹可知：5 μm PS 颗粒被平衡在悬浮电极两侧漩涡中心，而 4 μm 二氧化硅颗粒被平衡在悬浮电极中间。该仿真结果与图 3-5(j)和图 3-6(d)的实验结果具有很好的一致性。在该仿真模型中研究了颗粒分离性能，分离效果如图 3-9(f)和图 3-9(g)所示。根据分离结果可知，所有的 5 μm PS 颗粒被漩涡捕获后被平衡在悬浮电极两侧漩涡中心，所有的 4 μm 二氧化硅颗粒被平衡在流体停滞区，该结果与图 3-7 中的结果具有非常好的一致性，从而证明了上一章中仿真模型的正确性。

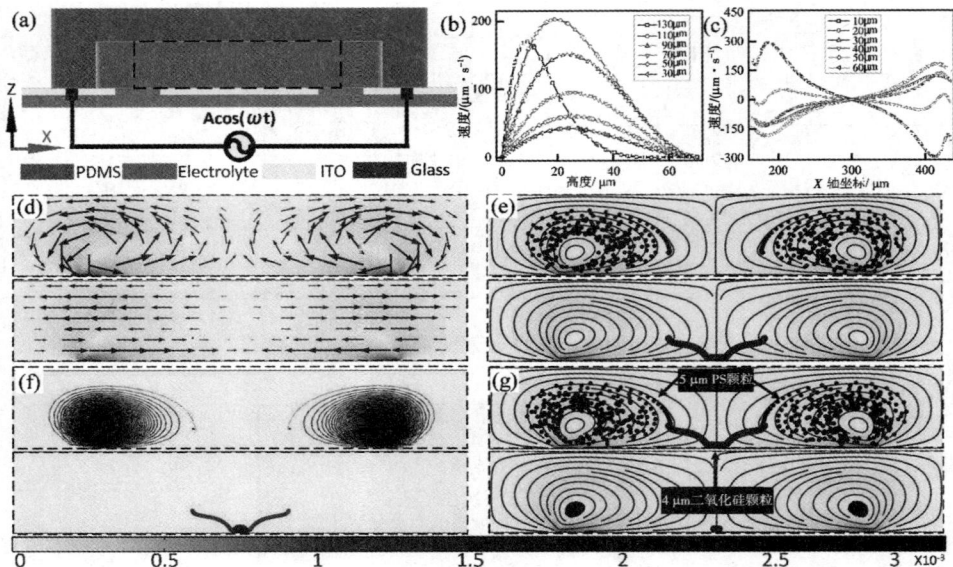

图 3-9　流速分布和颗粒运动轨迹

（a）仿真模型的示意图；（b）X 轴方向速度沿着 Z 轴的变化；（c）X 轴方向速度沿着 X 轴的变化；（d）通道内流场分布；（e）不同颗粒在 ICEO 漩涡中的运动；（f）不同颗粒的运动轨迹；（g）不同的颗粒的电动平衡状态。

3.5.2　基于对称 ICEO 漩涡不同密度颗粒的分离

上一小节研究工作从实验的角度证明了对称 ICEO 漩涡在颗粒分离方面的可行性。本小节将进一步研究该分离方法在基于密度差异颗粒分离方面的表现。对称 ICEO 漩涡基于密度差异颗粒分离的示意图，如图 3-10 所示。密度小的颗粒能够被两侧的 ICEO 漩涡捕获，平衡在悬浮电极两侧。而密度大的颗粒不能被 ICEO 漩涡捕获，被平衡在悬浮电极中间，从而实现不同密度颗粒的分离。为了证明该方案的可行性，以 PMMA 颗粒和二氧化硅颗粒为研究对象，分别进行了仿真和实验研究。

在数值模拟过程中，本小节建立了仿真模型去模拟 PMMA 颗粒和二氧化硅颗粒在对称 ICEO 漩涡中的运动过程，仿真结果如图 3-11 所示。由图 3-11 可知，PMMA 颗粒被两侧的 ICEO 漩涡捕获，进一步被平衡在悬浮电极两侧，但是二氧化硅颗粒不能被 ICEO 漩涡捕获而被平衡在悬浮电极中间。通过分析横截面上的仿真结果可知，PMMA 颗粒在通道中受到负 DEP 力，运动轨迹的半径不

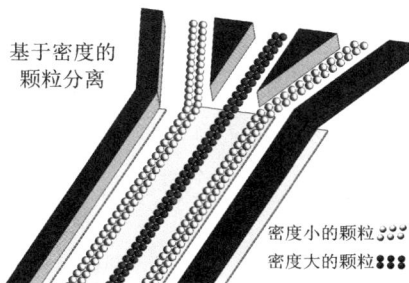

图 3-10 对称 ICEO 漩涡基于密度差异颗粒分离的示意图

断减小，在随着 ICEO 漩涡运动的同时向漩涡中心运动。而二氧化硅颗粒不能被漩涡捕获，被输送至悬浮电极中间的流体停滞区。在 ICEO 漩涡的连续作用下，两种颗粒的运动轨迹差异越来越明显。最终，PMMA 颗粒被聚集在悬浮电极两侧并流向两侧出口，而二氧化硅颗粒被聚集在了悬浮电极中间，并流向中间出口，从而实现不同密度颗粒的分离。

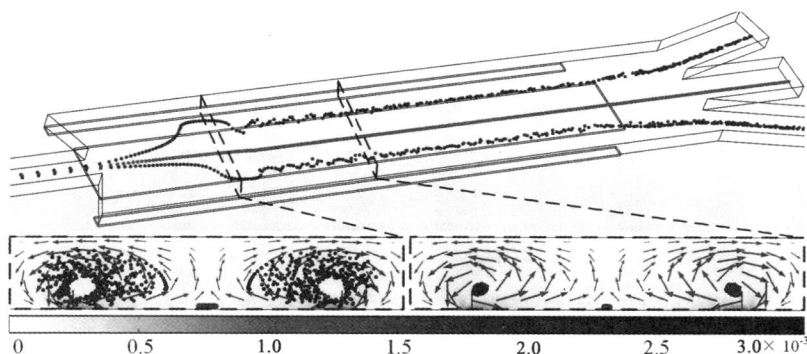

图 3-11 基于密度差异分离的数值模拟

在数值模拟之后，本小节在实验中分离了 PMMA 颗粒和二氧化硅颗粒，从实验的角度证明了对称 ICEO 漩涡方法在基于密度差异颗粒分离方面的表现，如图 3-12 所示。在分离 PMMA 颗粒和二氧化硅颗粒之前，首先，研究了 PMMA 颗粒在对称 ICEO 漩涡中的运动特性。当电压为 10 V、流速为 18 μL/h 时，PMMA 颗粒的电动平衡状态被总结在图 3-12（a）中。在区域一所指示的频率范围内，所有的 PMMA 颗粒被两侧的 ICEO 漩涡捕获，被平衡在悬浮电极两侧，但是在区域二所指示的频率范围内，大部分 PMMA 颗粒从 ICEO 漩涡中逃逸出来并被输送到悬浮电极中间的流体停滞区内，最终被平衡在悬浮电极中间。

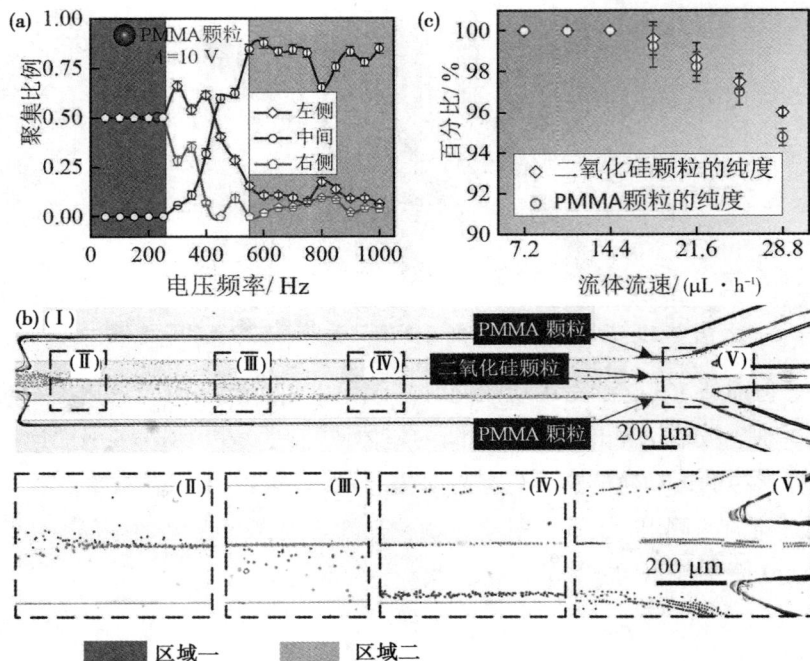

图 3-12　基于密度差异分离的实验验证

（a）PMMA 颗粒电动平衡状态；（b）基于密度颗粒的分离过程；（c）流速对分离效果的影响。

其次，利用对称 ICEO 漩涡分离了 PMMA 颗粒和二氧化硅颗粒，分离效果如图 3-12（b）所示。在施加交流信号之前，两种颗粒随机地流入出口 A，B，C。当将交流电信号的幅值设置为 10 V、频率设置为 200 Hz 时，二氧化硅颗粒和 PMMA 颗粒获得明显的分离效果，二氧化硅颗粒被输送到出口 B，PMMA 颗粒被输送到出口 A 和 C。通过对比实验结果和图 3-11 中仿真结果可知，它们表现出较好的一致性。同时，研究了流体流速对二氧化硅颗粒和 PMMA 颗粒分离效果的影响，如图 3-12（c）所示。当流体的流速小于 14.4 μL/h 时，该分离方法能获得非常好的分离效果。当流体流速为 28.8 μL/h 时，获得的 PMMA 颗粒的纯度达到了（95±0.5）%，二氧化硅颗粒的纯度达到了（96±0.3）%。

3.5.3　基于对称 ICEO 漩涡不同尺寸颗粒的分离

验证完对称 ICEO 漩涡在基于密度差异分离方面的能力后，本小节研究了该方法在基于尺寸差异颗粒分离方面的表现。基于尺寸差异颗粒分离的示意图如图 3-13（a）所示，尺寸大的颗粒被聚集在悬浮电极中间，流向中间出口，而尺寸小的颗粒被 ICEO 漩涡捕获，流向两侧出口。

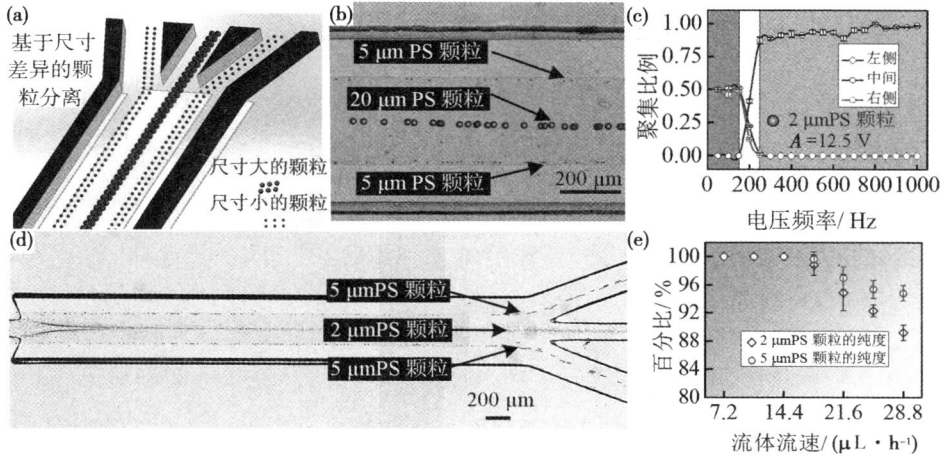

图 3-13　基于尺寸差异的颗粒分离

(a)基于尺寸差异分离的示意图；(b)5 μm 和 20 μm PS 颗粒的分离；(c)2 μm PS 颗粒的电动平衡状态；(d)2 μm 和 5 μm PS 颗粒的分离；(e)流速对分离效果的影响。

当电压为 10 V、频率为 150 Hz 时，分离了 5 μm 和 20 μm PS 颗粒去验证对称 ICEO 漩涡分离方法在基于尺寸差异颗粒分离方面的可行性。在分离过程中，20 μm PS 颗粒被平衡在悬浮电极中间，而 5 μm PS 颗粒被漩涡捕获，随着漩涡运动，最终被平衡在漩涡中心，如图 3-13(b)所示，与上一章中的数值仿真具有很好的一致性。接着研究了 2 μm PS 颗粒在对称 ICEO 漩涡中的电动平衡状态。当电压为 12.5 V 时，2 μm PS 颗粒的电动平衡状态随着频率的变化规律如图 3-13(c)所示。由图 3-13(c)可知，当频率的范围为 0～150 Hz 时，2 μm PS 颗粒被 ICEO 漩涡捕获。如果频率大于 250 Hz，2 μm PS 颗粒被聚集在悬浮电极中间。当电压幅值为 12.5 V、频率为 250 Hz、流速为 18 μL/h 时，分离了 2 μm 和 5 μm PS 颗粒，其分离结果如图 3-13(d)所示。在实验过程中，2 μm PS 颗粒逃离了 ICEO 漩涡的捕获并被平衡在悬浮电极中间，而 5 μm PS 颗粒随着 ICEO 漩涡运动并被平衡在悬浮电极两侧。针对该现象，一种合理的解释是：悬浮电极表面双电层中的电荷与尺寸小的 2 μm PS 颗粒表面电荷互动力(F_{p-e})比较明显。在电荷互动力和漩涡拖拽力的综合作用下($F_Z < 0$)，2 μm PS 颗粒被聚集在悬浮电极中心线位置，而 5 μm PS 颗粒随着两侧 ICEO 漩涡做

螺旋运动($F_z > 0$)。在负 DEP 力的提升作用下，5 μm PS 颗粒向漩涡中心运动，它们的运动半径在不断缩小，从而粒子束宽度在不断缩小。流体流速对该芯片分离效率的影响规律，如图 3-13(e)所示。当流体流速介于 7.2~14.4 μL/h 时，分离后获得的两种尺寸 PS 颗粒的纯度接近于 100%。当流体流速提高到 28.8 μL/h 时，5 μm PS 颗粒纯度降低到(94.8±0.5)%，2 μm PS 颗粒的纯度降低到(88.2±0.6)%。

3.5.4　基于对称 ICEO 漩涡酵母细胞的提取

本小节利用对称 ICEO 漩涡分离方法从混合物中提取酵母细胞。在电压为 7.5 V、频率为 150 Hz 时，进行了酵母细胞的提取实验，在放大 4 倍的条件下拍摄，分离过程的实验图如图 3-14(a)所示。在放大 10 倍的条件下又细致地观察了分离过程。在分离过程中，酵母细胞被聚集在悬浮电极中间，而作为干扰颗粒的 5 μm PS 颗粒被漩涡捕获并被平衡在悬浮电极两侧。最终获得了理想的分离效果，从中间出口获得纯净的酵母细胞，如图 3-14(b)-(e)所示。因此，对称 ICEO 漩涡分离方法在酵母细胞提取方面具有出色的表现。当电压为 7.5 V 时，不同频率下酵母细胞在 ICEO 漩涡中的电动平衡状态，如图 3-14(f)所示。当频率等于 0~50 Hz 时，几乎所有的酵母细胞被 ICEO 漩涡捕获，并随着漩涡做螺旋运动。当频率大于 150 Hz 时，所有的酵母细胞从 ICEO 漩涡中逃逸，并被平衡在悬浮电极中间。当电压大于 7.5 V 时，对称 ICEO 漩涡对酵母细胞的电动平衡状态呈现出相同的调控规律，随着频率的增加，酵母细胞的聚集状态发生了转变，从被 ICEO 漩涡捕获到从 ICEO 漩涡中逃逸被平衡在悬浮电极中间。在不同电压下，酵母细胞的平衡距离随频率的变化规律，如图 3-14(g)所示。随着频率的增加，酵母细胞的平衡距离呈现出增大的趋势，并逐渐在频率为 1000 Hz 时达到稳定状态。

本小节接着研究了流体流速对酵母细胞提取效果的影响。提取效率与流体流速的关系如图 3-14(h)所示。随着流体流速的提高，获得酵母细胞和 5 μm PS 颗粒的纯度呈现出减小的趋势。当流体流速为 28.8 μL/h 时，从中间出口获得的酵母细胞的纯度大于 96%，而从两侧出口获得的 5 μm PS 颗粒的纯度大于 94%。

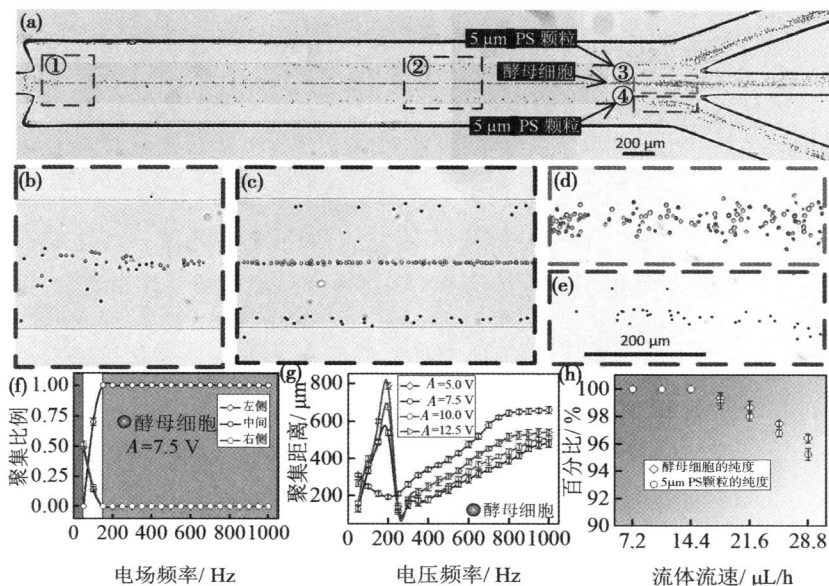

图 3-14 酵母细胞的提取

（a）颗粒的整体分离效果；（b）颗粒在入口位置的运动；（c）颗粒在中间区域的运动；（d）颗粒在出口 B 的运动；（e）颗粒在出口 C 的运动；（f）酵母细胞的聚集比例；（g）酵母细胞的聚集距离；（h）流速对分离效率的影响。

◆◆ 3.6 非对称 ICEO 漩涡的颗粒参数调控规律

本小节研究了非对称 ICEO 漩涡对微尺度颗粒电动平衡状态的参数调控规律。5 个不同半径的圆弧缺口被设计在悬浮电极上去激发非对称的反向 ICEO 漩涡。分离后的颗粒被引导至通道末端的分叉位置，分叉通道的宽度为 200 μm。芯片的整体结构在图 3-15（a）中展示。非对称 ICEO 漩涡的分离原理如图 3-15（b）所示。含有颗粒 A 和颗粒 B 的缓冲溶液通过入口被注入 PDMS 通道中。在颗粒聚集模块中，在对称的 ICEO 漩涡的作用下，混合颗粒被聚集为纤细的粒子束。在颗粒分离区域，在非对称的 ICEO 漩涡的作用下，原本沿着通道中心线运动的颗粒向两侧分叉通道偏转。微尺度的颗粒受到 X 轴方向的流体拖拽力，当 $F_X > 0$ 时，颗粒受到向左的流体拖拽力，当 $F_X < 0$ 时，颗粒受到

向右的流体拖拽力。在 Z 轴方向，颗粒主要受到了流体拖拽力和 Buoyancy 力的协同作用。在垂直方向合力的作用下($F_{Zr}<0$)，二氧化硅颗粒被平衡在通道底部附近，受到流体横向拖拽力($F_{Xr}<0$)推向左侧，产生向左的偏移。但是 PMMA 颗粒在垂直方向合力的作用下($F_{Zc}>0$)被平衡到较高的位置，被横向的流体拖拽力($F_{Xc}>0$)推向右侧，产生向右的偏移。分离装置的具体尺寸如图 3-15(c)所示。通过 3.2 节中芯片加工工艺对实验芯片进行加工，实物照片如图 3-15(d)所示。在实验过程中，聚集区域左侧的激发电极被施加电势为 $\phi_1 = A_1\cos(\omega_1 t)$，右侧激发电极的电势为 0。在芯片的分离区域，左侧的激发电极被施加的电势为 $\phi_2 = A_2\cos(\omega_2 t)$，右侧激发电极接地。

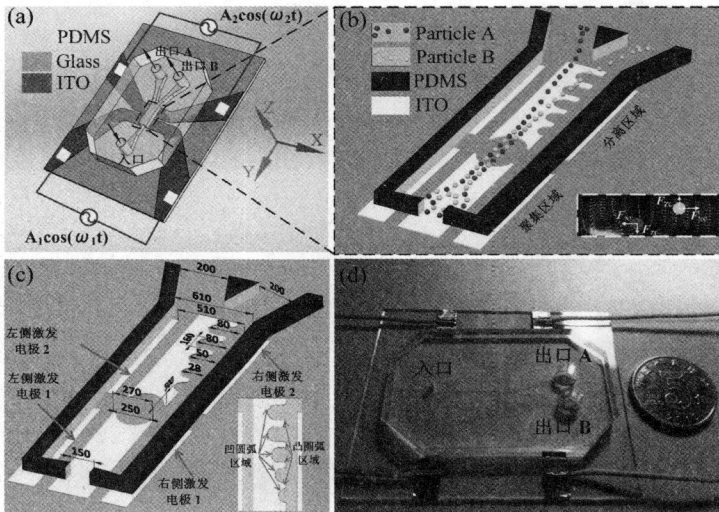

图 3-15 芯片整体结构图和颗粒分离原理图

(a)非对称 ICEO 漩涡的分离芯片示意图；(b)分离原理示意图；(c)芯片的尺寸；(d)芯片的照片。

首先利用非对称 ICEO 漩涡对二氧化硅和 PMMA 颗粒在分离区域的电动平衡状态进行调控。当电压幅值为 3 V、频率为 100 Hz 时，PMMA 颗粒被聚集为纤细的颗粒束，被平衡在非对称 ICEO 漩涡的流体停滞区，最终流向出口 A。当电压幅值为 7 V 时，PMMA 颗粒被平衡到较高的平面，并被推向具有圆弧缺口的一侧，产生了 $-108.34~\mu m$ 的偏移量，如图 3-16(a)所示。值得一提的是，Y 轴方向较大的流体流速对 PMMA 颗粒的运动具有一个加速效应，从而引起了粒子束的浓度减小。当电压幅值为 3 V、频率为 100 Hz 时，二氧化硅颗粒产生了

34.28 μm 的偏移量，进入出口 A，实验照片如图 3-16(b) 所示。当电压幅值为 8 V、频率为 100 Hz 时，二氧化硅颗粒的粒子流产生了 -2.13 μm 的偏移量，进入出口 B。非对称 ICEO 漩涡对微尺度颗粒的调控规律为：在较弱的提升力的情况下（$F_z < 0$），微尺度的颗粒产生正的偏移量，进入出口 A；在较强的提升力的情况下（$F_z > 0$），微尺度的颗粒产生负的偏移量，进入出口 B；随着参数的调节，这两种电动平衡状态能够进行灵活地转换。PMMA 颗粒的聚集宽度和偏移量随着电压幅值的变化规律如图 3-16(c)(e) 所示。当频率为 100 Hz、电压幅值从 1 V 增加到 3 V 时，PMMA 颗粒的偏移量从 25.21 μm 增加到 30.25 μm。除此之外，聚集宽度发生了明显降低，从 25.21 μm 减小到 13.28 μm。引起该变化的原因是：在较大的电压的作用下，Y 轴方向上具有较大的流体流速，对微尺度颗粒具有一个加速效应，降低了颗粒的浓度，从而减小了粒子流的宽度。在圆弧缺口区域，X 轴方向的漩涡流速大于对面漩涡的流速，造成了不断增大的正偏移量。当电压幅值为 4 V 时，漩涡具有足够的能量将 PMMA 颗粒提升到较高的位置。在凹圆弧区域，在纵向流体流速的作用下，PMMA 颗粒的粒子流产生了向右的偏移。

当电压的幅值持续增加到 5 V 时，PMMA 颗粒的粒子束产生了明显的向右偏移，并被运送到下侧的出口。当电压幅值增加到 8 V，粒子流的向右偏移量达到了极限值 -111.52 μm。在这个过程中，PMMA 颗粒的聚集宽度发生了明显变化，当电压从 3 V 增加到 7 V 时，聚集宽度从 13.28 μm 增加到 53.42 μm。值得注意的是，当电压幅值超过 8 V 时，凸圆弧区域的纵向流速将 PMMA 颗粒的粒子流推回流体停滞区域，凹圆弧区域中的纵向流速将 PMMA 颗粒推向圆弧区域，这样严重地破坏了 PMMA 粒子流的规律运动。

接着研究了二氧化硅颗粒在非对称 ICEO 漩涡中的电动平衡状态，聚集宽度和偏移特性随着电压幅值和频率的变化规律如图 3-16(d)(f) 所示。由于二氧化硅颗粒具有较大的密度，需要较强的漩涡才能将它们平衡到较高的平面，进而产生负的偏移量。

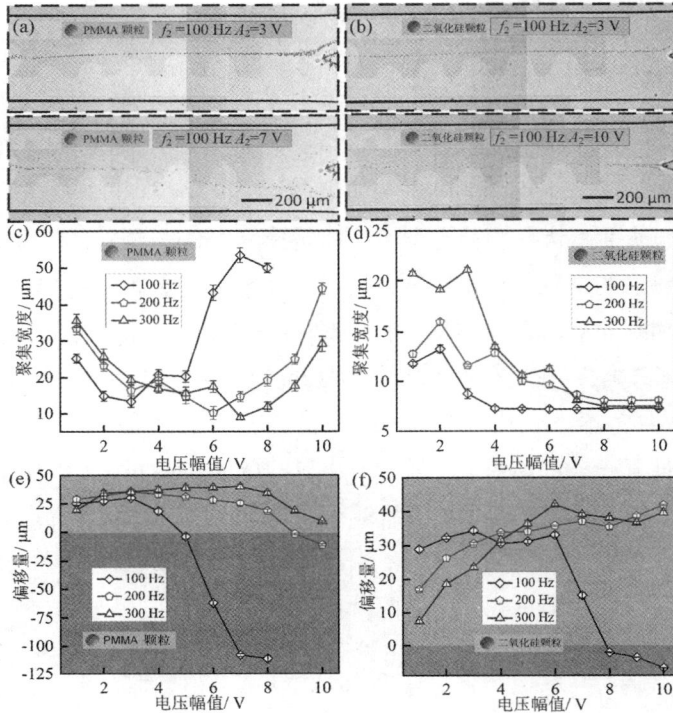

图 3-16　颗粒在非对称 ICEO 漩涡中的电动平衡状态

（a）PMMA 颗粒的电动平衡状态；（b）二氧化硅颗粒的电动平衡状态；（c）电压对 PMMA 颗粒聚集宽度的影响；（d）电压对二氧化硅颗粒聚集宽度的影响；（e）电压对 PMMA 颗粒偏移量的影响；（f）电压对二氧化硅颗粒偏移量的影响。

◆ 3.7　非对称 ICEO 漩涡的颗粒分离性能

3.7.1　基于非对称 ICEO 漩涡不同密度颗粒的分离

本小节利用非对称 ICEO 漩涡分离了 4 μm 二氧化硅颗粒和 4 μm PMMA 颗粒，对该漩涡技术在基于密度差异颗粒分离方面的可行性进行验证。由图 3-16（b）和（d）可知：当电压为 10 V、频率为 200 Hz 时，二氧化硅颗粒和 PMMA 颗粒在非对称 ICEO 漩涡中的电动平衡状态具有明显的差异，并且被运输至不同的出口。因此在该参数下对这两种颗粒进行分离实验，如图 3-17 所示。

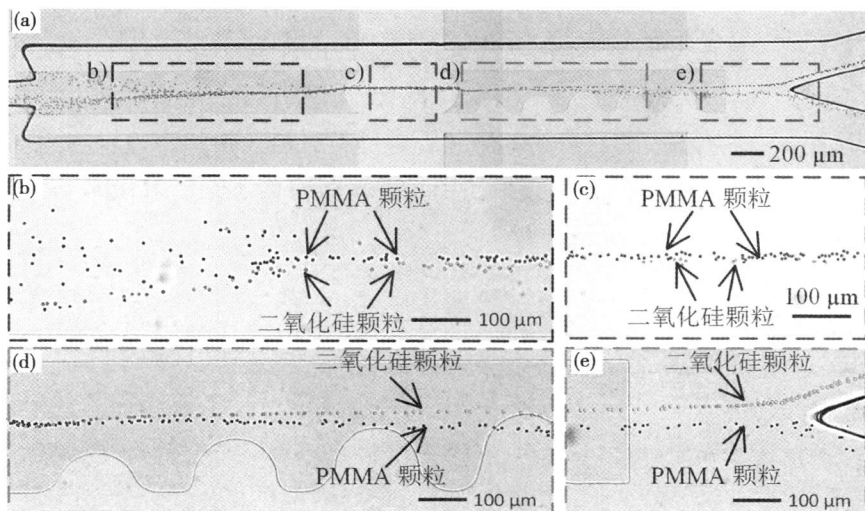

图 3-17 二氧化硅颗粒和 PMMA 颗粒的分离过程

(a)整体分离效果；(b)颗粒在聚集区域的运动；(c)颗粒在过渡区域的运动；(d)颗粒在分离区域的运动；(e)颗粒在通道末端的运动。

在放大 4 倍的条件下拍摄，微通道中整个分离过程如图 3-17(a)所示。在放大 10 倍的条件下，对分离过程进行观察。当聚集区域的电压幅值为 3 V、频率为 100 Hz 时，二氧化硅颗粒和 PMMA 颗粒被聚集为粒子流，如图 3-17(b)所示。在聚集区域和分离区域的连接处，粒子流保持良好的直线运动和聚集状态，如图 3-17(c)所示。当聚集在一起的二氧化硅颗粒和 PMMA 颗粒进入分离区域之后，观察到了良好的分离状态，如图 3-17(d)所示。二氧化硅颗粒和 PMMA 颗粒受到相同向上的流体提升力。由于该提升力能够克服 PMMA 颗粒的重力($F_Z>0$)，因此 PMMA 颗粒能被托举到较高的平面，在纵向流体拖拽力作用下($F_X>0$)，产生了向右的偏移。相反，二氧化硅颗粒的运动状态被重力主宰($F_Z<0$)，它们不能被托举到更高的平面，被平衡到通道底部的流体停滞区域内。在纵向流体拖拽力作用下($F_X<0$)，二氧化硅颗粒的粒子流产生了向左的偏移，被输运到出口 A，PMMA 颗粒的粒子流产生了负的偏移量，被输运到出口 B，如图 3-17(e)所示。

本部分研究了流体流速对基于密度差异颗粒分离效果的影响。当分离区域没有施加电信号、流体流速为 72 μL/h 时，聚集好的粒子沿着直线并保持浓缩状态穿过分离区域，随机地流入出口 A 和出口 B，如图 3-18(a)(b)所示。将幅值为 7 V、频率为 100 Hz 的交流电信号施加在分离区域，二氧化硅颗粒被平衡在流体停滞区内，同时产生向左的偏移，而 PMMA 颗粒被平衡到较高的位置并被拖拽到具有圆弧缺口一侧。在非对称 ICEO 漩涡的持续作用下，两种颗粒的偏移量被不断放大。最终，二氧化硅颗粒的粒子流被输送至出口 A，PMMA 颗粒的粒子流被输送至出口 B。因此，图 3-18（c）中的实验结果和图 3-18（d）中的仿真结果具有很好的一致性。

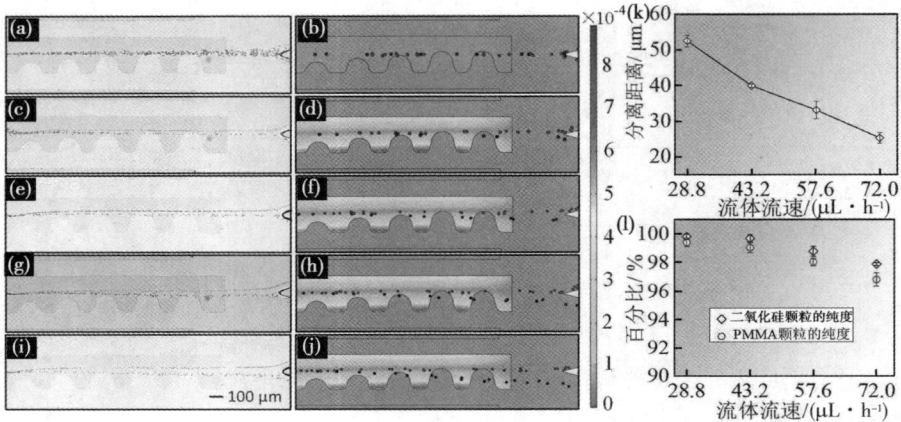

图 3-18　流速对颗粒分离结果的影响

（a）无电压时的实验结果；（b）无电压时的仿真结果；（c）流速为 72 μL/h 时的实验结果；（d）流速为 72 μL/h 时的仿真结果；（e）流速为 57.6 μL/h 时的实验结果；（f）流速为 57.6 μL/h 时的仿真结果；（g）流速为 43.2 μL/h 时的实验结果；（h）流速为 43.2 μL/h 时的仿真结果；（i）流速为 28.8 μL/h 时的实验结果；（j）流速为 28.8 μL/h 时的仿真结果；（k）流速对分离距离的影响；（l）流速对分离效率的影响。

当流体流速降低为 57.6 μL/h 时，两种颗粒的分离距离增大，如图 3-18（e）和图 3-18（f）所示。随着入口流速的变化，PMMA 颗粒的粒子流产生了明显的偏转，二氧化硅颗粒的运动轨迹没有发生明显的变化，分离距离越来越大，分离效果越来越好。当流体流速为 43.2 μL/h 时，实验中的分离过程如图 3-18（g）所示，仿真中的分离效果如图 3-18（h）所示。将流速降低为 28.8 μL/h 时，实验中和仿真中的分离效果如图 3-18（i）和图 3-18（j）所示。流体流速对分离距离和分离效率的影响规律被总结在图 3-18（k）和图 3-18（l）中。由图 3-18（l）可知：当流速为 72.0 μL/h 时，分离效率达到（96.8±0.3）%。

3.7.2 基于非对称 ICEO 漩涡不同尺寸颗粒的分离

通过实验和仿真证明了非对称 ICEO 漩涡在基于密度差异分离方面的可行性之后，接着研究了该方法在基于尺寸差异分离方面的表现。向上流体拖拽力和 Buoyancy 力的合力对粒子流偏移量具有重要的影响。首先研究了在不同电压、不同频率条件下，颗粒在通道底部附近受到的合力。图 3-19(a) 展示了垂直方向上的合力随着电压幅值的变化趋势，根据该曲线可知：小体积的颗粒更容易被漩涡托举到较高的位置。除此之外，随着电压的升高，流体向上的流速也被增大。最终，漩涡有足够的强度将大体积的颗粒提升到较高的平面，并随着右侧漩涡运动。垂直方向的合力随着频率的变化关系如图 3-19(b) 所示。值得注意的是，垂直方向的合力在频率为 200 Hz 时达到最大值。

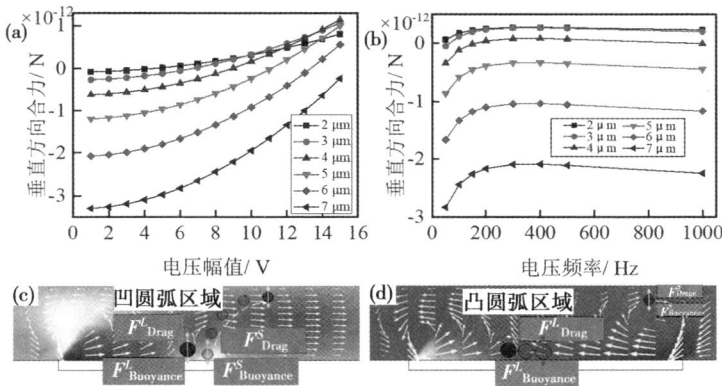

图 3-19　电压和频率对不同尺寸颗粒受到的合力的影响

(a) 电压对颗粒垂直方向合力的影响；(b) 频率对颗粒垂直方向合力的影响；(c) 尺寸大的颗粒运动；(d) 尺寸小的颗粒运动。

基于尺寸差异颗粒分离的示意图如图 3-19(c) 和图 3-19(d) 所示。当颗粒经过凹圆弧区域时，尺寸小的颗粒更容易被提升到一个更高的平面随着右侧漩涡运动。在凹圆弧区域内，在漩涡纵向拖拽作用下，它们产生了向右侧的偏移，如图 3-19(c) 所示。当它们经过凸圆弧区域时，尺寸大的颗粒经历了向左的偏移，这是由于在凸圆弧区域内左侧漩涡强于右侧漩涡，如图 3-19(d) 所示。因此，尺寸大和尺寸小的颗粒的运动轨迹产生了差异。在相同的非对称 ICEO 漩涡的作用下，它们产生明显的分离效果。

接着在实验中通过分离不同尺寸的酵母细胞去验证非对称 ICEO 漩涡方法

在基于尺寸差异分离方面的可行性，如图 3-20 所示。

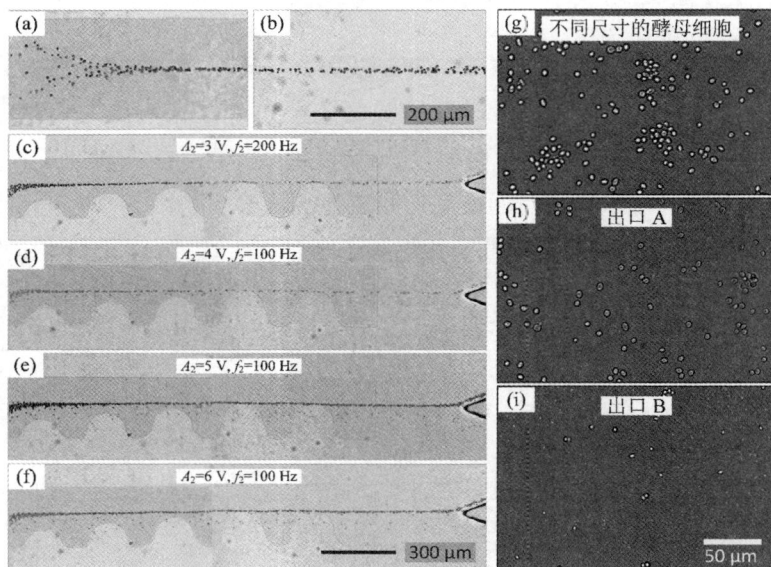

图 3-20　不同尺寸的酵母细胞的分离过程

(a)酵母细胞在聚集区域的运动；(b)酵母细胞在过渡区域的运动；(c)电压幅值为 3 V 时酵母细胞的分离过程；(d)电压幅值为 4 V 时酵母细胞分离过程；(e)电压幅值为 5 V 时酵母细胞分离过程；(f)电压幅值为 6 V 时酵母细胞分离过程；(g)初始酵母细胞样本；(h)出口 A 的酵母细胞；(i)出口 B 的酵母细胞。

不同尺寸酵母细胞的聚集过程和聚集结果的照片如图 3-20(a)和图 3-20(b)所示。在不同参数下，不同尺寸的酵母细胞的分离过程分别如图 3-20(c)-(f)所示。当电压幅值为 3 V、频率为 200 Hz 时，所有的酵母细胞被聚集在流体停滞区，如图 3-20(c)所示。如果电压幅值调整为 4 V、频率调整为 100 Hz 时，有一部分尺寸小的酵母细胞粒子流被提升到较高的位置，并被输送至出口 B 的位置，如图 3-20(d)所示。当频率等于 100 Hz、电压幅值提高到 5 V 时，尺寸稍微大一点的酵母细胞从粒子流中分离出来，被输送到出口 B 的位置，如图 3-20(e)所示。如果将电压幅值进一步提高到 6 V、频率为 100 Hz 时，更大一点的酵母细胞被分离出来，输送到出口 B 的位置，如图 3-20(f)所示。不同的酵母细胞分离前的照片如图 3-20(g)所示。当电压幅值为 6 V、频率为 100 Hz 时，分离之后从出口 A 和出口 B 获得酵母细胞的照片分别如图 3-20(h)和图 3-20(i)所示。因此，非对称 ICEO 漩涡在基于尺寸差异分离方面具有出色的表现。

3.7.3 基于非对称 ICEO 漩涡酵母细胞的提取

本小节利用非对称 ICEO 漩涡对酵母细胞进行了提取。首先研究了非对称 ICEO 漩涡对酵母细胞电动平衡状态的调控。酵母细胞的聚集宽度和偏移量随着电压幅值的变化如图 3-21(a)和图 3-21(b)所示。

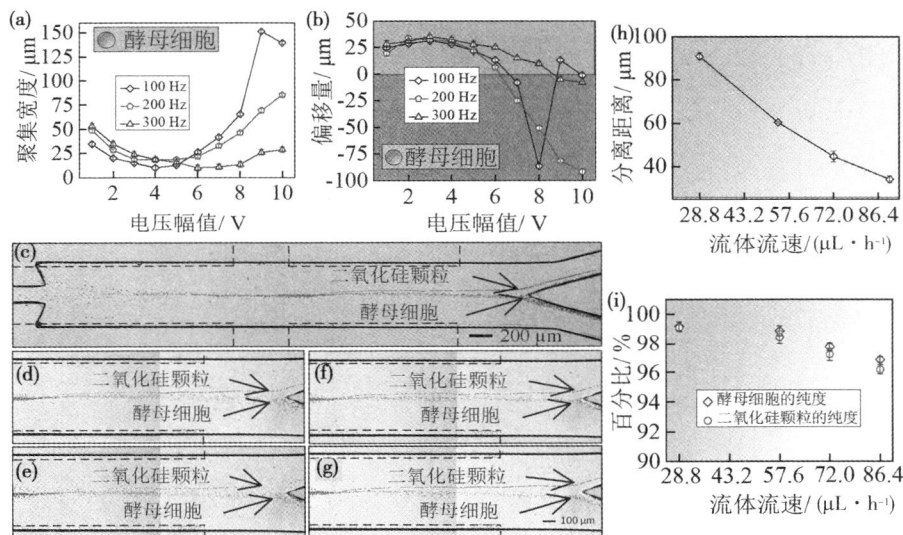

图 3-21　二氧化硅颗粒和酵母细胞的分离过程

(a)电压对聚集宽度的影响；(b)电压对偏移量的影响；(c)整体分离过程；(d)流速为 86.4 μL/h；(e)流速为 72.0 μL/h；(f)流速为 57.6 μL/h；(g)流速为 28.8 μL/h；(h)流速对分离距离的影响；(i)流速对分离效率的影响。

当聚集区域的频率为 100 Hz、电压幅值为 3 V，分离区域频率为 100 Hz、电压幅值为 7 V 时，开展了提取酵母细胞的实验。在放大 4 倍的条件下拍摄的照片，如图 3-21(c)所示。在上述参数下，研究了流速对提取效果的影响。当流速分别为 86.4，72.0，57.6，28.8 μL/h 时，分离过程如图 3-21(d)~(g)所示。酵母细胞和二氧化硅颗粒进入分离区域之后，处于聚集状态的粒子流产生分叉。酵母细胞被运输至出口 B，二氧化硅颗粒被输送至出口 A。分离距离和分离效率随着流速的变化规律如图 3-21(h)和图 3-21(i)所示；根据图 3-21(h)，分离距离随着流速的增加呈现出增加的趋势。由图 3-21(i)可知，当流体流速介于 28.8~57.6 μL/h 时，分离效率始终超过 96%。

接着研究了电导率对酵母细胞和二氧化硅颗粒分离效果的影响，如图 3-22 所示。

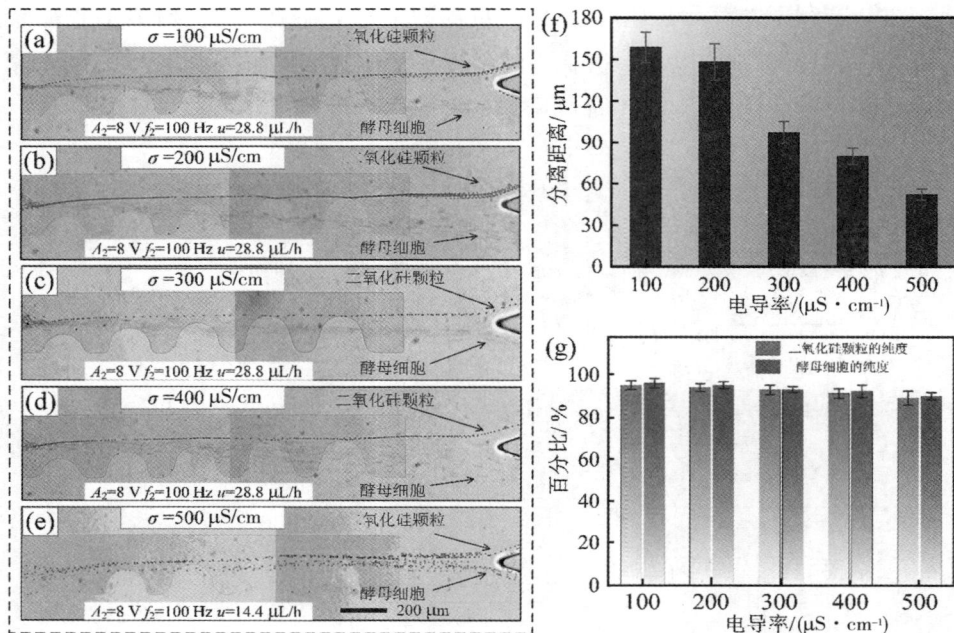

图 3-22 电导率对酵母细胞和二氧化硅颗粒分离效果的影响

(a)溶液电导率为 100 μS/cm 时的分离过程；(b)溶液电导率为 200 μS/cm 时的分离过程；(c)溶液电导率为 300 μS/cm 的分离过程；(d)溶液电导率为 400 μS/cm 的分离过程；(e)溶液电导率为 500 μS/cm 的分离过程；(f)溶液电导率对分离距离的影响；(g)溶液电导率对分离效率的影响。

当电导率为 100 μS/cm 时，分离效率达到(96.1±1.2)%，分离距离达到 158.51 μm，如图 3-22(a)所示。当把电导率提高到 200 μS/cm 时，分离效率降低到(95.2±0.8)%，分离距离减小为 148.06 μm，如图 3-22(b)所示。将电导率提高到 300 μS/cm 时，分离效率降低到(93.2±0.7)%，分离距离减小为 97.54 μm，如图 3-22(c)所示。当电导率为 400 μS/cm 时，分离效率降低为 (92.4±1.5)%，分离距离减小为 70.12 μm，如图 3-22(d)所示。当电导率提高到 500 μS/cm 时，需要将流体流速降低为 14.4 μL/h 才能达到较好的分离效果，分离效率为(90.1±0.9)%，分离距离为 42.23 μm，如图 3-22(e)所示。不同电导率下，颗粒的分离距离和分离效率如图 3-22(f)(g)所示。

◈ 3.8　本章小结

本章搭建了基于 ICEO 漩涡颗粒分离的实验系统，通过实验研究了 ICEO 漩涡的颗粒调控规律和分离性能。研究结果如下。

① 设计直线形三电极配置的 ITO 电极和直线形 PDMS 通道用于激发对称 ICEO 漩涡，又设计了带有缺口结构的悬浮电极用于激发非对称 ICEO 漩涡。通过标准软光刻技术加工了电极和通道，利用键合技术实现了芯片的封装，完成了激发对称和非对称 ICEO 漩涡的微流控芯片的加工，并进一步搭建了利用 ICEO 漩涡进行颗粒分离的实验系统。

② 在实验中研究了对称 ICEO 漩涡调控颗粒电动平衡状态的规律。通过分离 4 μm 二氧化硅颗粒和 5 μm PS 颗粒证明对称 ICEO 漩涡进行颗粒分离的可行性，并研究了流速对于分离效果的影响规律。同时分离了 4 μm 二氧化硅颗粒和 4 μm PMMA 颗粒，并研究了该分离方法在基于密度差异颗粒分离方面的性能。还分离了 5 μm 和 20 μm 及 2 μm 和 5 μm PS 颗粒，研究了对称 ICEO 漩涡在基于尺寸差异颗粒分离方面的性能。

③ 通过实验研究了非对称 ICEO 漩涡调控颗粒电动平衡状态的规律。通过分离 4 μm 二氧化硅颗粒和 4 μm PMMA 颗粒，研究了非对称 ICEO 漩涡在基于密度差异颗粒分离方面的性能。利用非对称 ICEO 漩涡分离了不同尺寸的酵母细胞，研究了该分离方法在基于尺寸差异方面的性能。分离了二氧化硅颗粒和酵母细胞，并研究了溶液电导率对分离效果的影响。

4 诱导电荷电渗漩涡微藻细胞分离

◈ 4.1 引言

水藻细胞在近几年受到越来越多的关注，它们富含丰富的油脂能够被加工成生物燃料，缓解当前日益严峻的能源危机[70]。虽然藻类细胞体积比较小，但是它们的繁殖速度快，生存范围广，耐盐碱能力强[85]。通常情况下，高油脂含量的藻类细胞与其他藻类细胞是共同生产的，但是它们在培养过程中容易受到有害细菌的污染[70]。此外，藻类细胞容易发生粘连和聚集现象。因此，为了获得高质量的生物油脂，需要开发出能够离散样本的、灵活可控的、非接触的分离方法对高油脂含量的藻类细胞进行提取[41, 67]。

基于上述因素，本章通过逐渐增加流体停滞区宽度的方式开发渐远式对称ICEO漩涡，克服微藻运动范围大、引起分离不彻底的问题，这是筛选尺寸较大微藻的一种有效方法。在渐远式对称ICEO漩涡的持续作用下，粘连或聚集在一起的样本能够不断被离散开，分离距离越来越大，分离越来越彻底，目标样本都被输送至预设的出口。本章利用该漩涡技术对不同的纳米颗粒进行分离，接着将该分离方法应用于高油脂含量藻类细胞的提取。利用该分离方法从多种藻类细胞中提取小球藻细胞，并实现单核与特定核数卵囊藻细胞的提取。本章的研究基于双电层充电效应提出了平行ICEO漩涡分离微藻的方法，显著提高了ICEO漩涡的微藻筛选通量，实现了硅藻细胞的高效提取。

◆◇ 4.2 大尺寸微藻分离的实施方案

基于渐远式对称 ICEO 漩涡大尺寸微藻分离的实施方案，如图 4-1 所示。在对称 ICEO 漩涡的作用下，非目标的大尺寸微藻被两侧的 ICEO 漩涡捕获，并随着漩涡一起运动，而目标微藻不能被 ICEO 漩涡捕获，被平衡在悬浮电极流体停滞区内。在渐远式对称 ICEO 漩涡的作用下，非目标微藻与目标微藻的分离距离越来越大，分离越来越彻底。最终，它们都被输送至特定的出口，实现大尺寸微藻的分离。该漩涡分离方法能够克服样本粘连的影响，适合大尺寸微藻的分离。

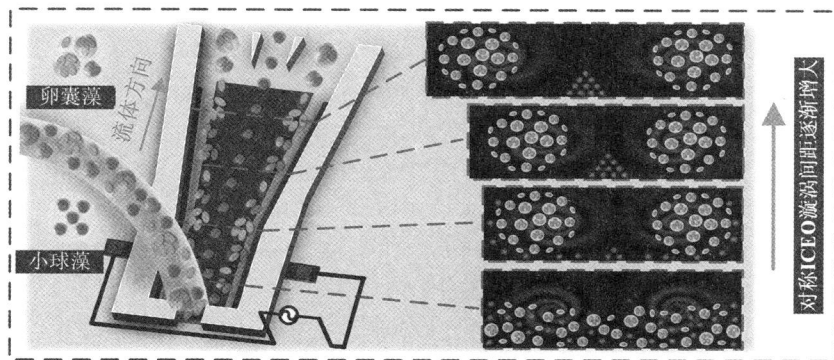

图 4-1 正介电特性颗粒分离的示意图

◆◇ 4.3 大尺寸微藻分离平台的搭建

4.3.1 分离装置的设计与加工

为了克服样本微藻粘连对分离效果的影响，本节利用逐渐增加流场停滞区域宽度的方式去扩大分离空间，开发了渐远式对称 ICEO 漩涡微藻分离方法。基于渐远式对称 ICEO 漩涡大尺寸微藻分离芯片的整体结构，如图 4-2(a) 所示。混合样本通过注射器驱动作用从入口输送至芯片中，在对称 ICEO 漩涡的作用下，不同的样本呈现出不同的运动状态，或被漩涡捕获，或从漩涡逃逸被平衡在流体停滞区。在渐远式对称 ICEO 漩涡的持续作用下，不同样本分离得越来越彻底，分离距离不断增大。在轴向流速的作用下，分离后的样本被输送至预设出口。在实验中，采用的通道和电极的具体尺寸如图 4-2(b) 所示。通过第 3 章中的芯片加工方法加工出的实验装置如图 4-2(c) 所示。加工后的芯片被固定在光学显微镜（BX53，Olympus，日本）上。芯片中正介电特性颗粒的运动情况通过数字摄像机（Retiga-2000R）记录。微藻细胞的运动行为通过高速照相机（CKX41）记录，该照相机安装在倒置显微镜（DP27）上。分离装置的电信号由信号发生器提供，并通过信号放大器进行信号放大。利用 ImageJ 对连续的照片进行叠加，实现颗粒运动轨迹的表征。利用扫描电子显微镜去观测纳米尺寸颗粒分离后的结果。实验过程中，利用微注射泵控制芯片中流体的流速。

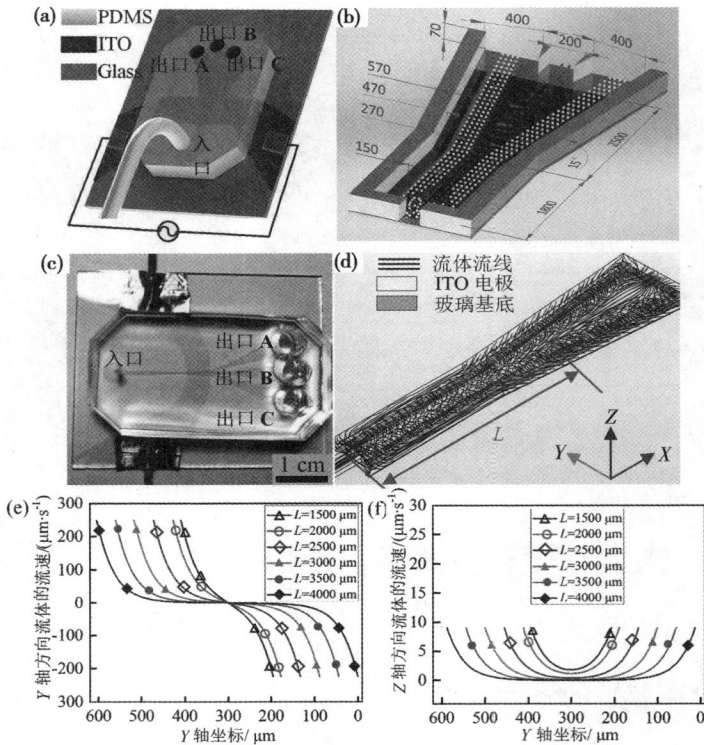

图 4-2 芯片的结构和流场分布

(a) 芯片的整体示意图；(b) 芯片的具体尺寸；(c) 芯片的照片；(d) 微通道内的流场分布；(e) Y 轴方向流体的流速；(f) Z 轴方向流体的流速。

在 Comsol Multiphysics 5.5 中，建立了仿真模型，通过耦合电场和流场模拟了基于渐远式对称 ICEO 漩涡的颗粒分离芯片通道内的流场分布,如图 4-2(d)所示。由图 4-2(d)可知,在 ICEO 电渗流的作用下,在悬浮电极表面产生了渐远式对称的 ICEO 漩涡。渐远式对称 ICEO 漩涡中间的流体停滞区域宽度不断增大,为颗粒分离提供了充足的空间。为了计算改进后悬浮电极表面的流场分布情况,在悬浮电极表面定义了截线,截线距离入口的距离为 L,并研究了 Y 轴和 Z 轴方向流体流速沿着悬浮电极截线的变化曲线,计算结果如图 4-2(e)和图 4-2(f)所示。在实验过程中,颗粒和细胞样本的处理方法如下:二氧化硅颗粒、PS 颗粒和铜纳米颗粒的密度分别是 1050,2200,7500 kg/cm^3。小球藻和卵囊藻细胞购买于海尔斯生物有限公司。藻类细胞在 28 ℃的环境中培养 2 天。小球藻的直径范围为 3~5 μm。培养获得的藻类细胞放入离心机进行离心处理 40 s,然后用电导率为 10 μS/cm 的电解质溶液去更换细胞培养液,以避免电极的分解反应和藻类细胞的聚集行为。该过程重复 6 次以获得纯净的细胞。正介电特性颗粒的分离实验系统如图 4-3 所示。

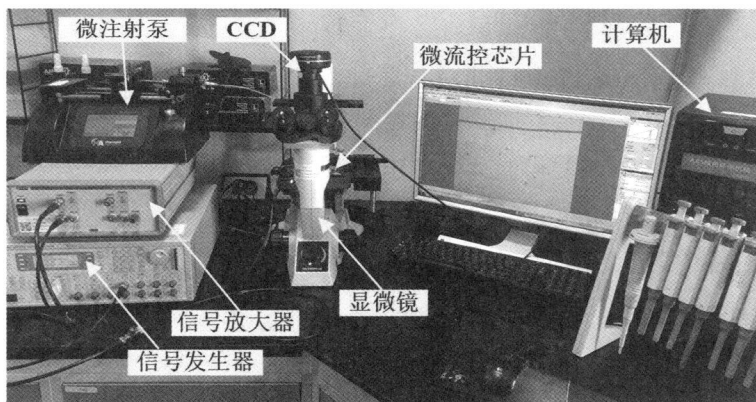

图 4-3　正介电特性颗粒分离实验系统

4.3.2　分离方法的灵活性验证

在分离复杂状态的样本时,对分离方法的灵活性要求比较高,因此在该部分探究了对称 ICEO 漩涡分离方法的灵活性,方案的示意图如图 4-4(a)所示。如果在激发电极上施加分离电压参数,白色颗粒和黑色颗粒处于分离状态,白色颗粒被漩涡捕获,黑色颗粒被平衡在流体停滞区,如图 4-4(a)(Ⅰ)所示。通过调节电场提高漩涡强度,黑色颗粒也被漩涡捕获,两种颗粒处于混合状态,如图 4-4(a)(Ⅱ)所示。再将工作参数调为分离参数，黑色颗粒又被漩涡释放出来，被平衡在悬浮电极中间位置，而白色颗粒依然处于被漩涡捕获的状态，呈现出良好的分离状态，如图 4-4(a)(Ⅲ)所示。

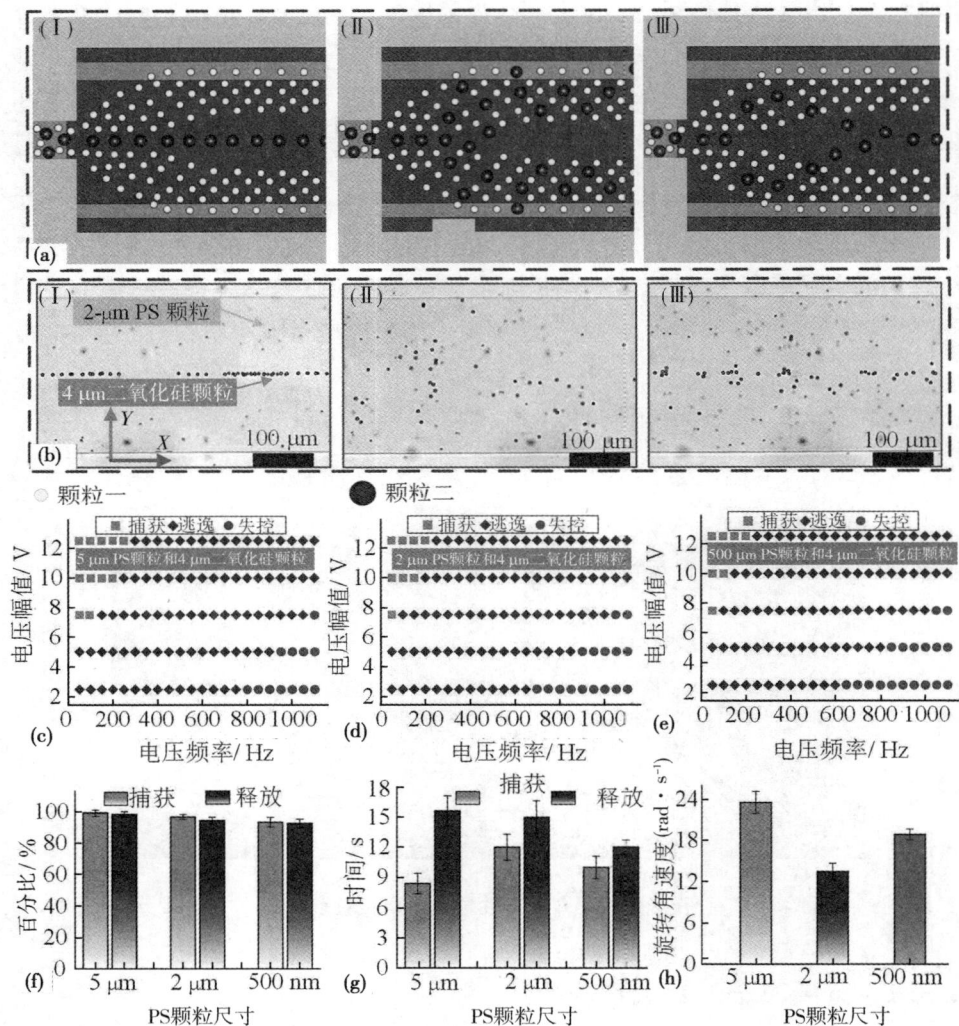

图 4-4　分离方法的灵活性验证

（a）分离方法灵活性测试的示意图；（b）分离方法灵活性测试的实验图；（c）5 μm PS 颗粒与二氧化硅颗粒的互动；（d）2 μm PS 颗粒与二氧化硅颗粒的互动；（e）500 nm PS 颗粒与二氧化硅颗粒的互动；（f）二氧化硅颗粒的捕获与释放效率；（g）二氧化硅颗粒的捕获与释放时间；（h）二氧化硅颗粒旋转的角速度。

在实验过程中，首先通过操纵 4 μm 二氧化硅颗粒和 2 μm PS 颗粒对该分离方法的灵活性进行验证，如图 4-4（b）所示。当电压幅值为 5 V、频率为 100 Hz 时，由于 2 μm PS 颗粒具有较小的密度和尺寸，它们沿着 ICEO 漩涡的流线运动；由于 4 μm 二氧化硅颗粒具有较大的密度和尺寸，它们停留在流体停滞区内，如图 4-4（b）（Ⅰ）所示。当频率为 50 Hz、电压幅值调制 7 V 时，4 μm 二氧化硅颗粒所在的平面被提高，并被漩涡捕获。接着，4 μm 二氧化硅颗粒沿着 ICEO 漩涡的流线做螺旋运动，如图 4-4（b）（Ⅱ）所示。当电压幅值为 5 V、频率为 100 Hz 时，4 μm 二氧化硅颗粒被释放回流体停滞区域内，如图 4-4（b）（Ⅲ）所示。

接着将 2 μm PS 颗粒分别换为 500 nm 和 5 μm PS 颗粒，测试对称 ICEO 漩涡的灵活性。图 4-4（c）~（e）总结了在不同电压和频率下，4 μm 二氧化硅颗粒在包含不同 PS 颗粒缓冲液中的电动平衡状态。当电压为 10 V、频率为 100 Hz 时，进行 4 μm 二氧化硅颗粒的捕获；在电压为 7.5 V、频率为 200 Hz 时，对 4 μm 二氧化硅颗粒进行释放。在捕获和释放过程中，4 μm 二氧化硅颗粒的捕获效率和释放效率被总结在图 4-4（f）中，捕获时间和释放时间被总结在图 4-4（g）中。根据图 4-4（f）可知，将颗粒的直径从 500 nm 增加到 5 μm，对 4 μm 二氧化硅颗粒的捕获效率从 93.3% 提高到 99.1%。同时，颗粒的释放效率从 92.5% 提高到 98.3%。4 μm 二氧化硅颗粒在 ICEO 漩涡中的旋转速度如图 4-4（h）所示。在软件 Adobe Premiere Pro CC 2017 中统计 4 μm 二氧化硅颗粒绕漩涡中心运动 20 圈所用的时间 t_i。该过程重复 3 次，获得时间为 t_1，t_2，t_3。根据式（4-1）计算颗粒的平均角速度。通过对分离装置灵活性能的测试可知，ICEO 漩涡展示出灵敏的挑选能力、快速的响应能力、灵活的可调性。

$$\omega = \frac{1}{3}\left(\frac{2\pi \times 20}{t_1} + \frac{2\pi \times 20}{t_2} + \frac{2\pi \times 20}{t_3}\right) \tag{4-1}$$

4.3.3 分离装置对尺度较大样本的适应性验证

由于一些正介电特性颗粒（如卵囊藻细胞）具有较大的体积，因此本小节对分离装置在操纵较大尺寸样本的适应性方面进行验证。本小节利用毛细管微流控芯片加工尺为 40~50 μm 的液滴，然后在 UV 灯的照射下将其固化，如图 4-5（a）所示。液滴加工完成之后，通过扫描电镜的方法对液滴进行表征，如图 4-5（b）所示。由图 4-5（b）可知，液滴表现出很好的尺寸均一性。

在悬浮电极上对称的 ICEO 漩涡中，研究了尺寸较大颗粒的运动行为。大

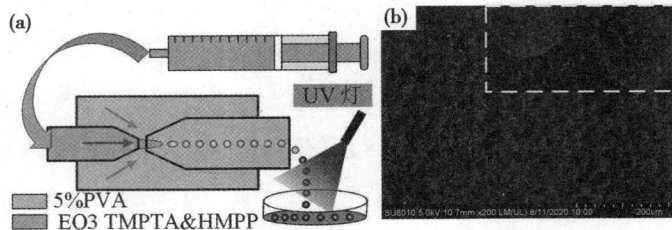

图 4-5　微液滴的加工

(a)微液滴加工装置示意图;(b)微液滴的 SEM 图。

尺寸的颗粒能够被 ICEO 漩涡捕获,随着漩涡一起运动。双液滴体系运动行为的示意图如图 4-6(a)所示。在电压幅值为 10 V、频率为 50 Hz 时,研究了双液滴体系的运动行为,如图 4-6(c)。具有相同极化特性的液滴在低频电场作用下由于界面极化,形成了双液滴体系[138]。双液滴体系绕着两侧 ICEO 漩涡中心位置稳定旋转。

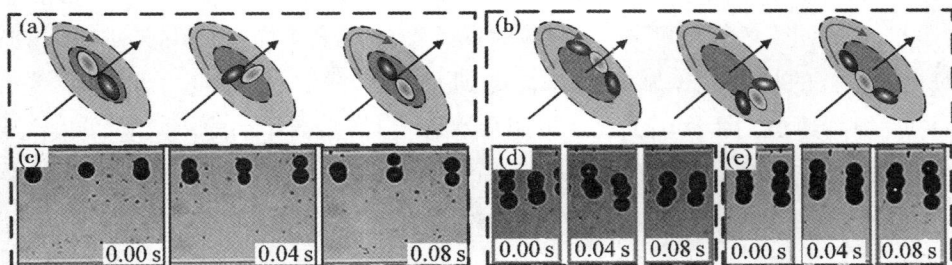

图 4-6　液滴体系在 ICEO 漩涡中的运动行为

(a)双液滴体系的示意图;(b)多液滴体系的示意图;(c)双液滴体系运动行为;(d)三液滴体系运动行为;(e)四液滴体系运动行为。

由于偶极子相互作用,三个液滴形成液滴体系。当电压幅值为 11.25 V、频率为 50 Hz 时,三液滴体系绕着漩涡核的位置做同步、有序的环绕运动。表征三液滴体系运动的示意图和实验结果分别如图 4-6(b)(d)所示。通过调节电压参数,液滴体系能够吸引更多的液滴,增加体系中液滴的数量,如图 4-6(e)所示。在电压幅值为 12.5 V、频率为 50 Hz 时,液滴在 ICEO 漩涡中形成了四液滴体系,它们的运动行为如图 4-6(e)所示。不同液滴体系的平均旋转角速度如图 4-7 所示。通过上述的实验研究可知,对称的 ICEO 漩涡在操纵大尺寸颗粒方面能够表现出较好的适应性。

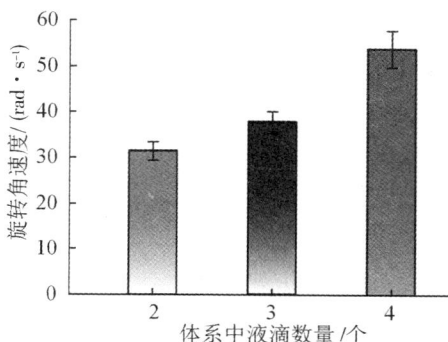

图 4-7　液滴体系运行的角速度

◆◇ 4.4　纳米颗粒的电动平衡状态与提取

4.4.1　纳米颗粒在对称 ICEO 漩涡中的电动平衡状态

本小节研究了对称 ICEO 漩涡分离方法在纳米颗粒提取方面的表现，并验证该方法在分离正介电特性颗粒方面的可行性。本小节研究了对称 ICEO 漩涡调控纳米颗粒电动平衡状态的规律。在电压幅值分别为 8，12，16 V 时，不同频率下纳米颗粒的电动平衡状态，如图 4-8 所示。

当纳米颗粒被两侧 ICEO 漩涡捕获时，纳米颗粒随着 ICEO 漩涡旋转。这种情况下，用黑暗区域的宽度来表征颗粒的运动状态。当纳米颗粒平衡在悬浮电极中间时，定义了纳米粒子束的宽度来表征颗粒的聚集情况。表征颗粒聚集情况被总结在图 4-8（a）-（c）中。此外，还研究了在不同频率下，聚集状态的纳米粒子束的荧光强度，如图 4-8（d）-（f）所示。纳米颗粒在区域一所指示的频率范围内被 ICEO 漩涡捕获，并随着漩涡做螺旋运动，这种情况下，没有纳米颗粒被聚集在流体停滞区内。在该频率范围内，随着频率的增加，两侧粒子束的荧光强度在不断减弱。造成该现象的原因是随着频率的增加，ICEO 漩涡的强度变弱，纳米颗粒开始逃出 ICEO 漩涡的作用范围，粒子束不断变宽。将频率提高到区域二所指示的范围内，荧光纳米颗粒开始逃离 ICEO 漩涡并被推向流体停滞区。因此，黑暗的流体停滞区开始变亮，进一步增大频率，ICEO 漩涡引起的纵向流速降低，在相同的纵向流速下，粒子流宽度不断增大。

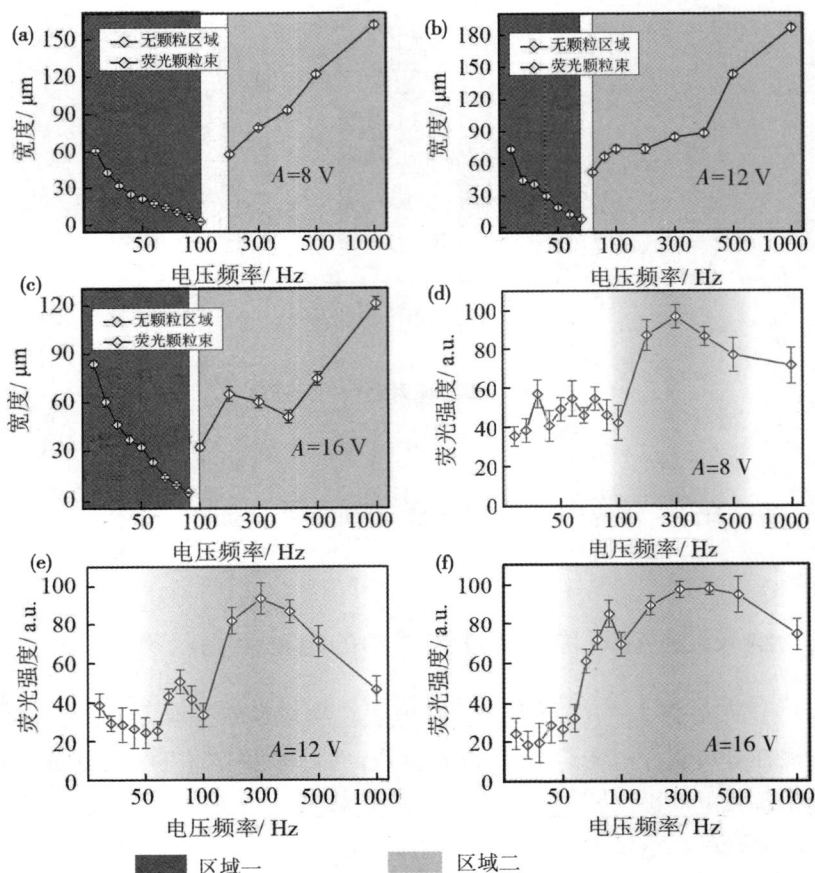

图 4-8　500 nm PS 颗粒的电动平衡状态

（a）颗粒聚集宽度：$A=8$ V；（b）颗粒聚集宽度：$A=12$ V；（c）颗粒聚集宽度：$A=16$ V；（d）荧光强度：$A=8$ V；（e）荧光强度：$A=12$ V；（f）荧光强度：$A=16$ V。

当电压为 12 V 时，本小节研究了纳米颗粒在对称 ICEO 漩涡中的电动平衡状态转换规律，如图 4-9 所示。

不同频率下，纳米颗粒在 ICEO 漩涡中的运动图片如图 4-9（a）所示。值得注意的是，纳米颗粒在频率为 200 Hz 时，被聚集为粒子束。随着频率的继续增加，纳米颗粒的聚集状态开始离散，宽度不断增加，荧光强度开始降低。当电压频率为 200 Hz、电压幅值为 12 V 时，纳米颗粒的动态聚集过程如图 4-9（b）所示。当施加交流电压之后，纳米颗粒开始迅速被推向流体停滞区位置。在纳米颗粒聚集的过程中，纳米颗粒不断地被聚集在一起，粒子束的荧光强度不断

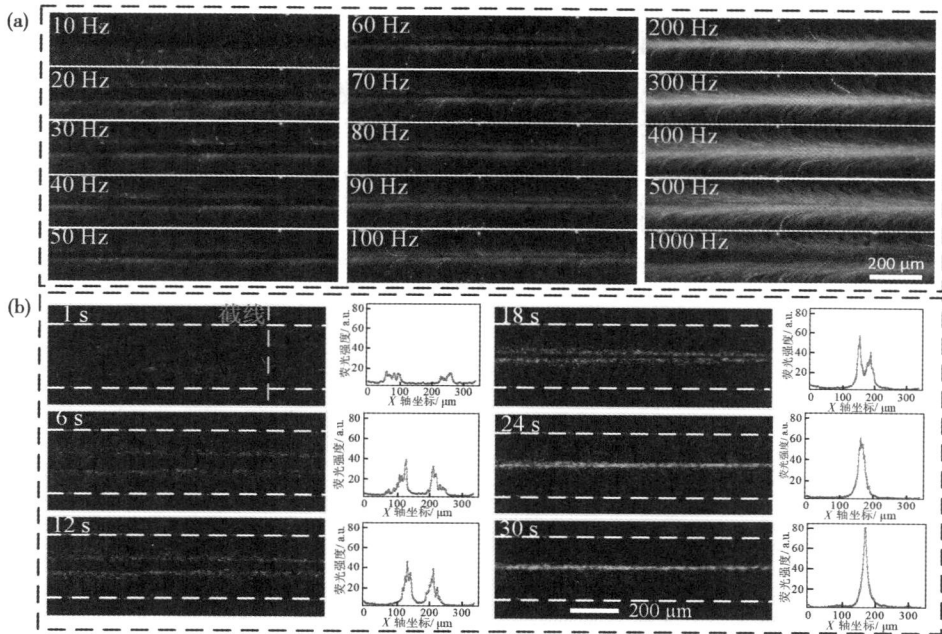

图 4-9 纳米颗粒在 ICEO 漩涡中的运动状态

（a）不同频率下纳米颗粒的运动状态；（b）不同时刻纳米颗粒的聚集状态。

增强。荧光照片和荧光强度的变化曲线描述了纳米荧光颗粒的聚集过程。大约 30 s 后，几乎所有的纳米荧光颗粒被平衡在悬浮电极中间，并形成了一条粒子流。

在频率为 0~200 Hz、电压幅值为 3~14 V，500 nm PS 和 600 nm 铜纳米颗粒的运动状态被总结在图 4-10 中。根据图 4-10（a）（b）可知，在较大的电压频率和幅值范围内，PS 纳米颗粒能够被 ICEO 漩涡捕获并随着漩涡一起运动。在较大的电压频率和幅值范围内铜纳米颗粒被平衡在悬浮电极中间的流体停滞区。其中，当电压幅值为 7 V、频率为 50 Hz 时，500 nm PS 颗粒的运动照片如图 4-10（a）所示，相同条件下，600 nm 铜纳米颗粒的运动照片如图 4-10（b）所示。

4.4.2 纳米尺度颗粒的提取

由于纳米颗粒被 ICEO 漩涡捕获后具有较大的运动范围，本小节通过纳米颗粒的提取来验证渐远式对称 ICEO 漩涡分离大尺寸微藻的可行性。首先在渐

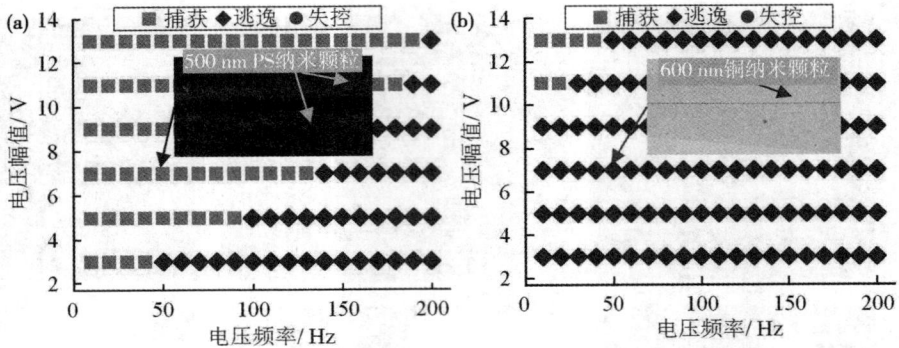

图 4-10   不同参数下纳米颗粒的运动状态

（a）500 nm PS 纳米颗粒的电动平衡状态；（b）600 nm 铜纳米颗粒的电动平衡状态。

远式对称 ICEO 漩涡中分离了 500 nm 和 5 μm PS 颗粒以研究该分离方法在提取纳米颗粒方面的表现。在电压为 12 V、频率为 200 Hz 时，发现该方法能够实现纳米颗粒的高效提取。本小节又进一步研究了流体流速对纳米颗粒提取效果的影响。亮场和荧光场所拍摄的不同流速下分离照片如图 4-11 所示。为了同时观察到纳米荧光颗粒和没有荧光的微米颗粒，在显微镜亮场的模式下用 UV 灯从显微镜的底部去激发纳米荧光颗粒。

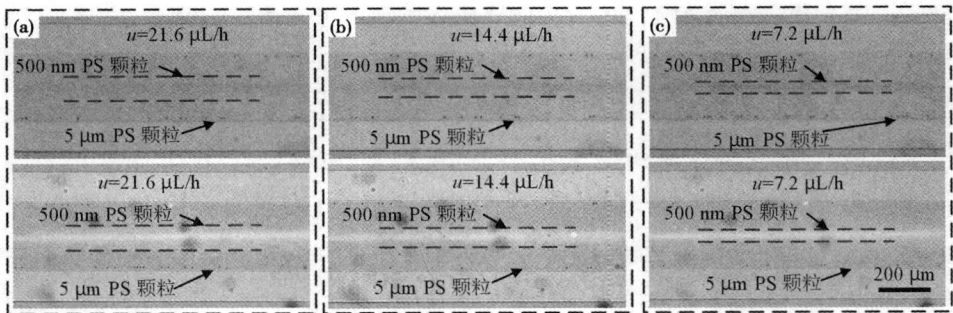

图 4-11   在不同流速下纳米颗粒的提取过程

（a）流速为 21.6 μL/h 时纳米颗粒提取过程；（b）流速为 14.4 μL/h 时纳米颗粒提取过程；（c）流速为 7.2 μL/h 时纳米颗粒提取过程。

当流速为 21.6 μL/h 时，尽管大部分纳米颗粒被提取出来，但是仍有部分纳米颗粒没有聚集在粒子流中，如图 4-11（a）所示。将流体流速降低为 14.4 μL/h 时，纳米颗粒泄漏的问题在一定程度上得到解决，如图 4-11（b）所示。进一步地将流体流速降低为 7.2 μL/h 时，所有的纳米颗粒被平衡在悬浮导体中间的流体停滞区内，形成了纤细的粒子束并流向出口 B，而 5 μm PS 颗粒被 ICEO 漩涡捕获，被平衡在漩涡的中心并流向出口 A 和出口 C，达到了明显的分离效果，如图 4-11(c)所示。

本小节利用扫描电子显微镜(SEM)观察了分离前的样本和分离后从出口 A，B，C 获得的样本，如图 4-12 所示。由图 4-12 所呈现的结果可以知道该分离方法在纳米尺度物体提取方面具有出色的表现。

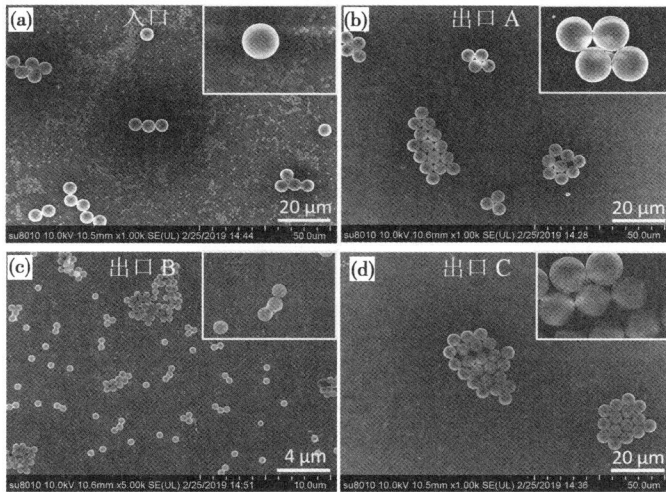

图 4-12　分离前后样本的 SEM 图

(a)初始样本；(b)出口 A 获得的样本；(c)出口 B 获得的样本；(d)出口 C 获得的样本。

当电压为 11 V、频率为 50 Hz、流速为 90 μL/h 时，分离了 500 nm PS 纳米颗粒和 600 nm 铜纳米颗粒。为了清楚地记录纳米颗粒的分离情况，分别在荧光场和亮场带 UV 灯这两种模式下对分离过程进行录制，如图 4-13 所示。当混合状态的纳米颗粒通过入口进入 ICEO 漩涡流之后，由于较小的密度，500 nm PS 纳米颗粒被两侧的 ICEO 漩涡流捕获($F_z>0$)，由于 600 nm 铜纳米颗粒具有较大的密度，它们不能被 ICEO 洲涡流捕获，而聚集在流体停滞区内($F_z<0$)。在荧光场和亮场 UV 灯两种模式下，纳米颗粒分离的实验照片展示在图 4-13(a)中。当纳米颗粒进入分离装置的放大区域后，600 nm 铜纳米颗粒依然保持自己的运动轨迹，被输送至出口 B。但是 500 nm PS 纳米颗粒依然沿着 ICEO 螺旋流运动，两种纳米颗粒的分离距离在不断增大，如图 4-13(b)(c)所

示。在主通道末端，500 nm PS 纳米颗粒被引导至两侧分叉通道，而 600 nm 铜纳米颗粒被引导至中间的分叉通道，实现了两种纳米颗粒的分离，如图 4–13（d）所示。

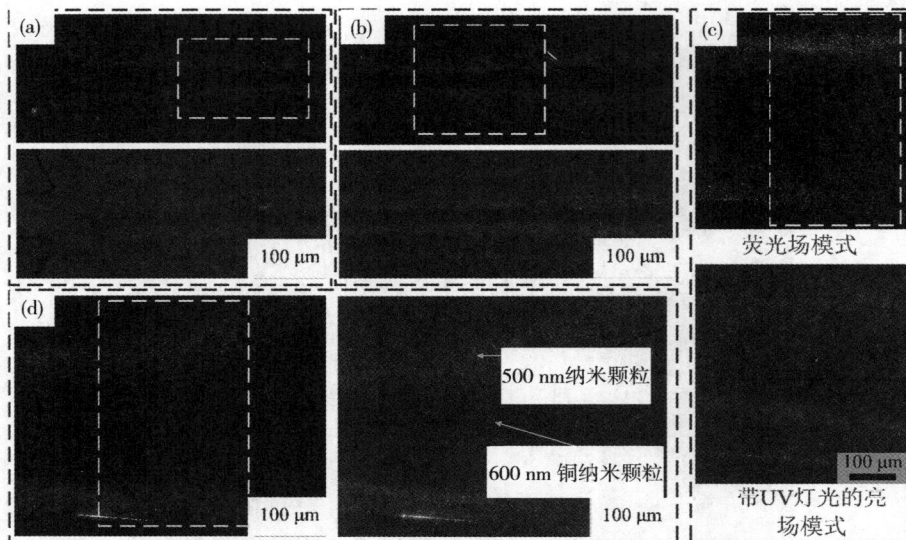

图 4–13　两种纳米颗粒的分离过程

（a）纳米颗粒在入口的运动；（b）纳米颗粒在过渡区的运动；（c）纳米颗粒在渐远区的运动；（d）纳米颗粒在出口的运动。

为了表征纳米颗粒在分离过程中荧光颗粒的运动轨迹，本书研究了分离荧光照片［如图 4–13（a）–（d）所示］中被用虚线框标记区域的三维表面图（用软件 ImageJ 进行处理），如图 4–14（a）–（d）所示。由图 4–14 可知，在分离过程中，所有的 PS 纳米荧光颗粒都能被对称的 ICEO 漩涡流捕获并随着漩涡一起运动，并且两种颗粒的分离距离不断地增大，最终这种颗粒被输送至两侧的出口，获得了很好的分离效果。

为了进一步表征纳米颗粒的分离效果，本书用扫描电子显微镜观察了分离前后的纳米颗粒样本，如图 4–15 所示。通过观察分离前后样本的 SEM 图片可知，渐远式对称 ICEO 漩涡分离方法能够有效地分离纳米尺度颗粒，对正介电特性颗粒的分离具有很好的表现。

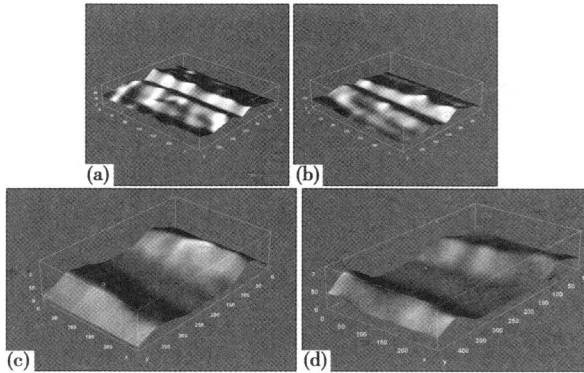

图 4-14 三维表面图表征分离过程中纳米颗粒的运动状态

（a）纳米颗粒在入口的运动范围；（b）纳米颗粒在过渡区的运动范围；（c）纳米颗粒在渐远区的运动范围；（d）纳米颗粒在出口的运动范围。

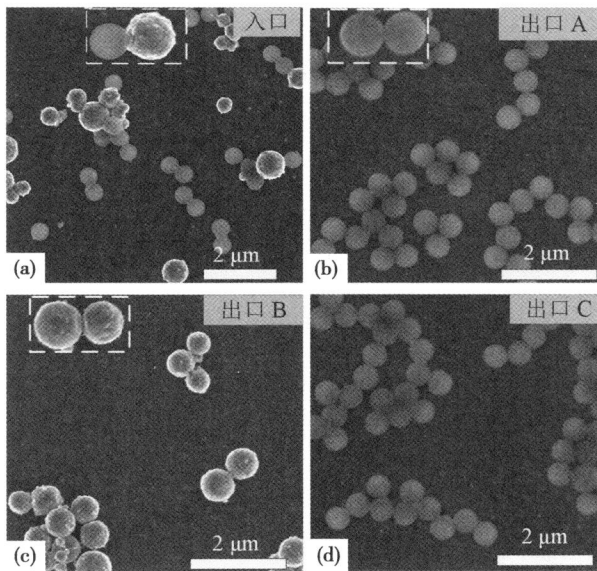

图 4-15 纳米颗粒分离结果的 SEM 图

（a）初始样本；（b）出口 A 获得的样本；（c）出口 B 获得的样本；（d）出口 C 获得的样本。

◆◇ 4.5　小球藻细胞的提取

小球藻细胞能够产生大量糖类用于转换生物乙醇，产生大量的油脂用于转换生物油脂产品，在解决日益紧迫的化石能源问题方面具有重要的潜力[109]。在本节利用渐远式对称 ICEO 漩涡分离平台从多种藻类细胞中提取了小球藻细胞。小球藻细胞的提取原理如图 4-16(a)所示。小球藻细胞被平衡在悬浮电极中间，最终被输送到出口 B，但是不同核数的卵囊藻细胞随着渐远式对称 ICEO 螺旋流一起运动，分离距离被不断放大，最终被输送到出口 A 和出口 C。在进行提取小球藻细胞之前，先研究了小球藻细胞在 ICEO 漩涡中的运动特性。在实验中，在不同电压和频率下，小球藻细胞在 ICEO 螺旋流中的电动平衡状态被总结在图 4-16(b)中。当电压幅值为 10 V、频率为 50 Hz 时，小球藻细胞被两侧 ICEO 漩涡流捕获并随着漩涡流一起运动。当电压幅值为 6 V、频率为 200 Hz 时，小球藻细胞被输送至流体停滞区。这两种情况下，小球藻细胞的运动情况照片如图 4-16(c)和图 4-16(d)所示。

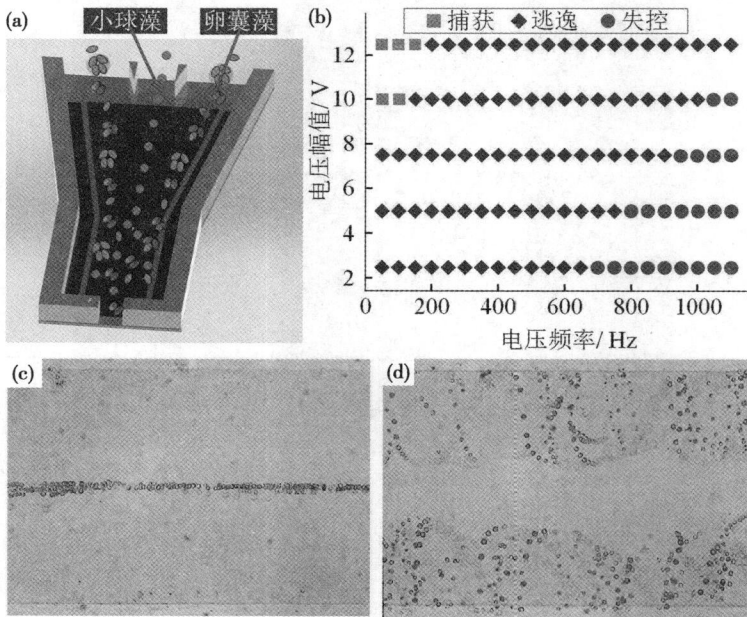

图 4-16　小球藻细胞提取的示意图及其运动特性

(a)小球藻提取过程示意图；(b)不同条件下小球藻的运动状态；(c)小球藻细胞被平衡在流体停滞区；(d)小球藻细胞被 ICEO 漩涡捕获。

由于藻类细胞的介电特性在分离过程中发挥着重要的作用，并且藻类细胞的介电特性是未知的。因此开发了如图 4-17(a)所示的实验装置，在电导率为 10 μS/cm 的溶液中研究了藻类细胞的介电特性。该装置由指状电极和直线形 PDMS 通道组成。利用该装置测试了小球藻细胞和卵囊藻细胞的介电特性。

在没有外加电场作用的情况下，小球藻细胞和卵囊藻细胞随机分布在通道中，如图 4-17(b)和图 4-17(c)所示。当电压为 7.5 V、频率为 300 Hz 时，小球藻细胞在负 DEP 力的作用下，向远离电极的方向运动，被聚集在通道中间，如图 4-17(d)所示。当频率提高到 5.5 kHz 时，小球藻细胞开始受到正 DEP 力作用。当电压为 7.5 V、频率为 100 kHz 时，小球藻细胞受到正 DEP 力的作用，它们向电场强度大的位置运动，被吸附在电极表面，如图 4-17(e)所示。在频率介于 100 Hz ~ 100 kHz 时，卵囊藻细胞始终受到正 DEP 力作用。当电压为 7.5 V、频率为 300 Hz 时，卵囊藻细胞在正 DEP 力作用下，被吸附在电极表面，如图 4-17(f)所示。

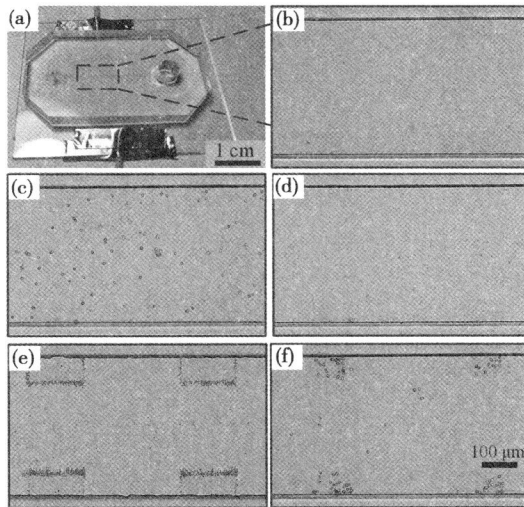

图 4-17　藻类细胞介电特性的检测

(a)检测藻类细胞介电特性的装置；(b)小球藻细胞的初始状态；(c)卵囊藻细胞的初始状态；(d)小球藻细胞在负 DEP 力作用下的运动；(e)小球藻细胞在正 DEP 力作用下的运动；(f)卵囊藻细胞在正 DEP 力作用下的运动。

本节从多种藻类中提取了小球藻细胞。当电压为 7.5 V、频率为 200 Hz、流体流速为 54 μL/h 时，小球藻细胞提取过程的实验照片如图 4-18 所示。在渐远式对称 ICEO 漩涡流的作用下，小球藻细胞被聚集在流体停滞区内，而其他藻类细胞被两侧的渐远式对称 ICEO 漩涡流捕获，并随着漩涡流一起做螺旋运动。在渐远式对称 ICEO 漩涡的持续作用下，分离距离不断扩大，分离越来越彻底。最终所有的小球藻细胞被输送到出口 B，而其他藻类细胞被输送到出口 A 和出口 C。这样就可以从出口 B 位置获得纯净的小球藻细胞。初始状态的藻类细胞和从出口 A，B，C 处获得的藻类细胞分别如图 4-19（a）-（d）所示。根据图 4-19 可知，基于渐远式对称 ICEO 漩涡的藻类细胞分离方法能够从多种藻类中对小球藻细胞进行高效提取。

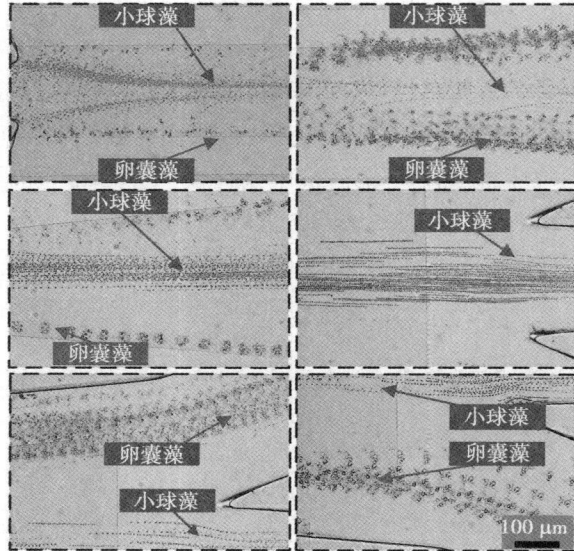

图 4-18 小球藻细胞的提取过程

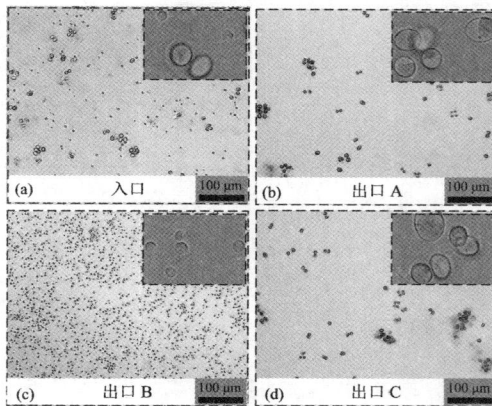

图 4-19 分离前后藻类细胞的照片

（a）初始藻类细胞样本照片；（b）出口 A 分离后藻类细胞样本；（c）出口 B 分离后藻类细胞样本；（d）出口 C 分离后藻类细胞样本。

本节还研究了流体流速对分离效果的影响。当电压为 7.5 V、频率为 200 Hz 时，不同流速下小球藻细胞的提取效率，如图 4-20 所示。当流体流速为 54 μL/h 时，获得小球藻细胞的纯度达到(98.8±0.7)%。当将流速提高到90 μL/h 时，获得小球藻细胞的纯度超过(96.4±0.8)%。进一步将流体流速提高到 144 μL/h 时，获得小球藻细胞的纯度降低到(87.2±1.3)%。

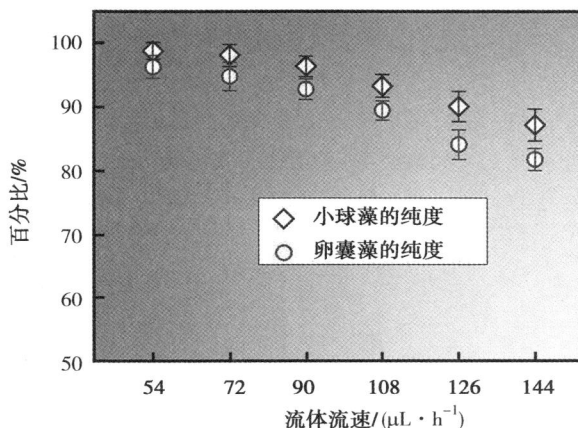

图 4-20　流体流速对分离效果的影响

◆◇ 4.6　卵囊藻细胞的提取

4.6.1　单核卵囊藻细胞的提取

通常情况下，卵囊藻细胞的多个核共同生活在膨胀的母体细胞壁中。该藻类细胞在生产油脂和生物能源产品方面具有重要的潜力，尤其是在生产中性油脂方面具有独特的优势[127]。值得关注的是，单核的卵囊藻细胞作为该藻类的基本单元，能帮助科学家研究卵囊藻分类、分裂模式、基因转录等关键问题，对提取高质量的中性油脂具有重要的意义[139]。从这些方面考虑出发，利用渐远式对称 ICEO 漩涡分离平台提取了单核的卵囊藻细胞，接着进行了基于核数卵囊藻细胞的分离。单核卵囊藻细胞的提取原理示意图如图 4-21(a)所示。然后在显微镜下观察了不同核数卵囊藻细胞的形态，如图 4-21(b)所示。

在电压幅值为 6 V、频率为 300 Hz、流速为 90 μL/h 的条件下，利用渐远式

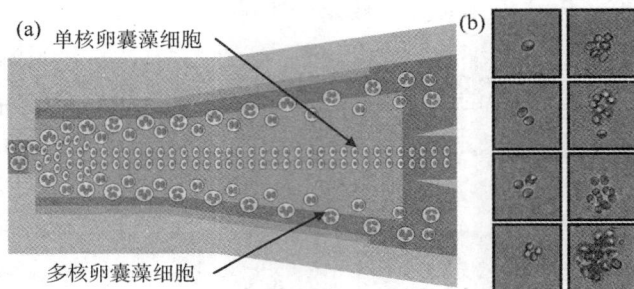

图 4-21　不同核数卵囊藻的提取原理

(a)提取原理；(b)不同核数卵囊藻细胞的照片。

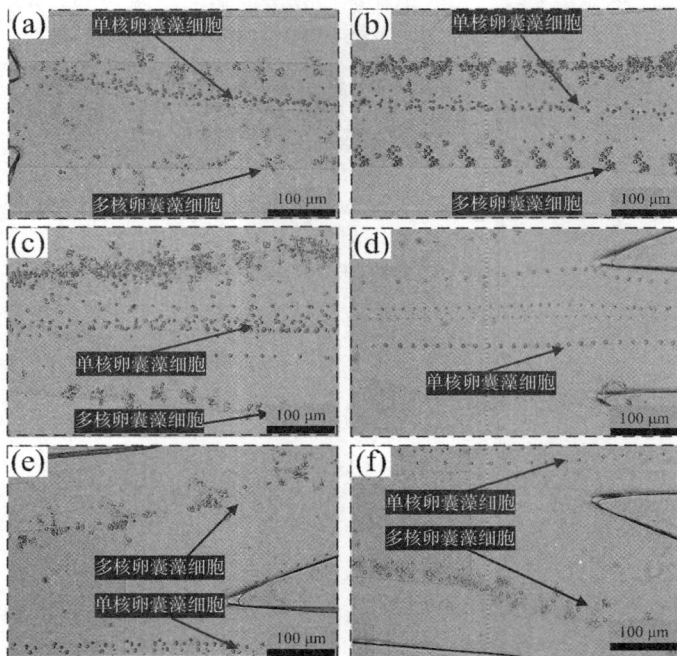

图 4-22　单核卵囊藻细胞的提取过程

(a)卵囊藻在入口的运动；(b)卵囊藻在过渡区的运动；(c)卵囊藻渐远区的运动；(d)卵囊藻在出口 A 的运动；(e)卵囊藻在出口 B 的运动；(f)卵囊藻在出口 C 的运动。

对称 ICEO 漩涡分离方法提取了单核卵囊藻细胞。图 4-22 展示了单核卵囊藻的提取过程。多核卵囊藻细胞具有较大的体积，受到较大正 DEP 力的作用，它们趋向沿着悬浮电极两侧运动，在对称 ICEO 漩涡的作用下，多核卵囊藻细胞随着 ICEO 漩涡绕着涡核位置做旋转运动。单核卵囊藻细胞由于具有较小的体积,在悬浮电极上受到较小的正 DEP 力,它们不能克服 ICEO 漩涡诱导的流体拖拽力,被平衡在悬浮电极中间,如图 4-22(a)所示。选中的单核卵囊藻细胞被聚集为细胞束,如图 4-22(b)所示。在渐远式对称 ICEO 漩涡的作用下,相互粘连的卵囊藻细胞被离散,并且单核卵囊藻细胞和多核卵囊藻细胞的分离距离不断放大,如图 4-22(c)所示。单核卵囊藻细胞被输送到出口 B,如图 4-22(d)所示,多核卵囊藻细胞被输送至出口 A 和出口 C,如图 4-22(e)(f)所示。

从出口 B 收集单核卵囊藻细胞之后,在显微镜下对获得的样本进行观察和分析。获得卵囊藻细胞的核数分布如图 4-23(a)所示。根据图 4-23 可知:有超过(95.2±2.3)%的单核卵囊藻细胞被提取出来。此外,获得的单核卵囊藻细胞的实验照片如图 4-23(b)所示。由此可见,渐远式对称 ICEO 漩涡为单核卵囊藻细胞提取提供了一种有效可靠的方法。

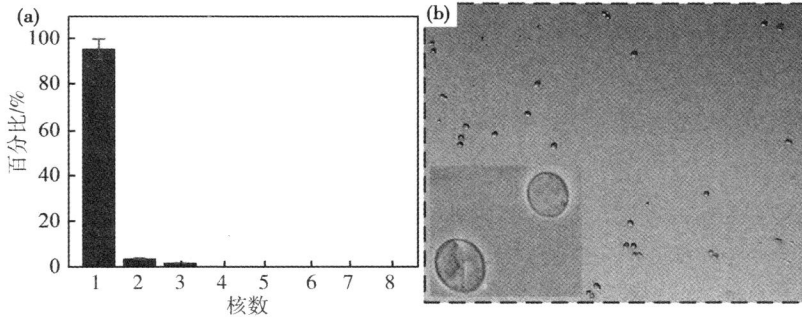

图 4-23　单核卵囊藻细胞的提取结果
(a)提取到的卵囊藻细胞的核数分布;(b)卵囊藻细胞的显微图片。

4.6.2　基于核数卵囊藻细胞的分离

由于渐远式对称 ICEO 漩涡的速度可以通过调制电压幅值、频率等参数进行精准调节,所以能够实现对分离结果的调控。在本小节中,通过调节分离装置的工作参数,将特定核数的卵囊藻细胞从 ICEO 漩涡中释放出来,平衡在流体停滞区,然后输送到出口 B。当电压幅值为 5.5 V、频率为 300 Hz、流速为 90 μL/h 时,双核卵囊藻细胞被从 ICEO 漩涡中释放出来,被输送至出口 B,如图 4-24(a)所示。获得的卵囊藻的核数分布如图 4-24(b)所示。当频率为 350 Hz、电压幅值为 6 V、流速为 90 μL/h 时,三核卵囊藻细胞从渐远式对称 ICEO 漩涡中被释放出来,并被运输送到出口 B,如图 4-24(c)所示,获得细胞的核数分布如图 4-24(d)所示。当频率为 400 Hz、电压幅值为 6 V、流速为

108 μL/h时，四核、五核、六核的卵囊藻细胞被输送到出口 B，获得卵囊藻细胞照片和核数分布分别如图 4-24(e)(f)所示。

上述三种条件下，在出口位置获得的卵囊藻细胞样本，如图 4-25(a)-(c)所示。根据图 4-25 中的实验结果可知：通过调节工作参数，渐远式对称 ICEO 漩涡能够将特定核数的卵囊藻细胞释放到流体停滞区，并将其输送至出口 B。该方法为不同状态卵囊藻细胞的分离模式和基因转录的研究提供了技术支持，为获取高质量的中性油脂提供了一种可靠的办法。

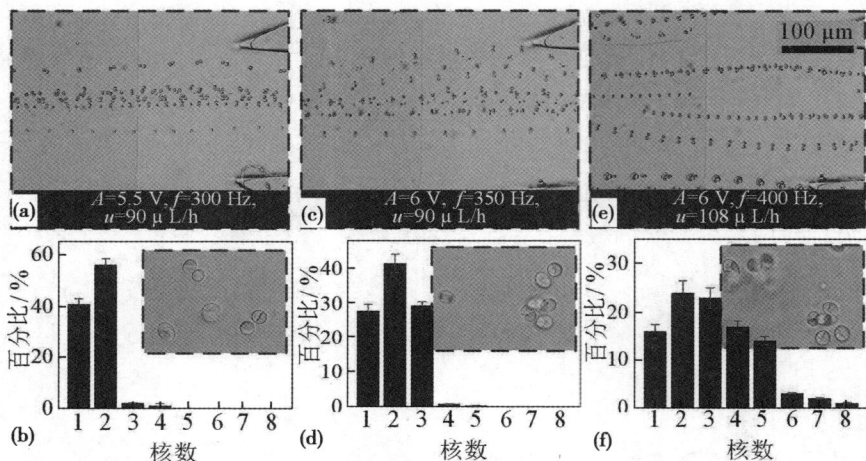

图 4-24　不同参数下卵囊藻细胞的分离结果

（a）电压为 5.5 V、频率为 300 Hz、流速为 90 μL/h 时的分离过程；（b）电压为 5.5 V、频率为 300 Hz、流速为 90 μL/h 时获得卵囊藻的核数分布；（c）电压为 6 V、频率为 350 Hz、流速为 90 μL/h 时的分离过程；（d）电压为 6 V、频率为 350 Hz、流速为 90 μL/h 时获得卵囊藻细胞的核数分布；（e）电压为 6 V、频率为 400 Hz、流速为 108 μL/h 时的分离过程；（f）电压为 6 V、频率为 400 Hz、流速为 108 μL/h 时获得卵囊藻细胞的核数分布。

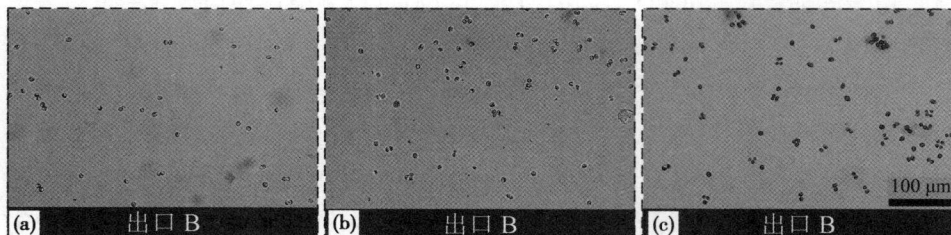

图 4-25　不同条件下从出口 B 获得的卵囊藻细胞

（a）电压为 5.5 V、频率为 300 Hz、流速为 90 μL/h 时提取的卵囊藻细胞；（b）电压为 6 V、频率为 350 Hz、流速为 90 μL/h 时提取的卵囊藻细胞；（c）电压为 6 V、频率为 400 Hz、流速为 108 μL/h 时提取的卵囊藻细胞。

◆ 4.7 基于平行诱导电荷电渗漩涡的小尺寸微藻细胞分离

4.7.1 平行诱导电荷电渗漩涡的形成原理

在外加电场作用下，开放双极性电极和封闭双极性电极末端发生极化并形成双电层，在双电层充电放电作用下交流电场可以在独立的平行通道中拓展并形成相同的电场分布，如图4-26(a)(b)所示。在这种情况下，独立平行通道中没有法向电场穿透开放和封闭双极性电极，切向扩展电场与扩散电荷之间的相互作用引起偶极反离子的定向迁移。流体在离子拖拽作用下，开放双极性电极表面形成平行诱导电荷电渗漩涡，如图4-26(c)所示。平行诱导电荷电渗漩涡的速度分布完全相同，且其强度可以通过改变外加电场进行统一控制。

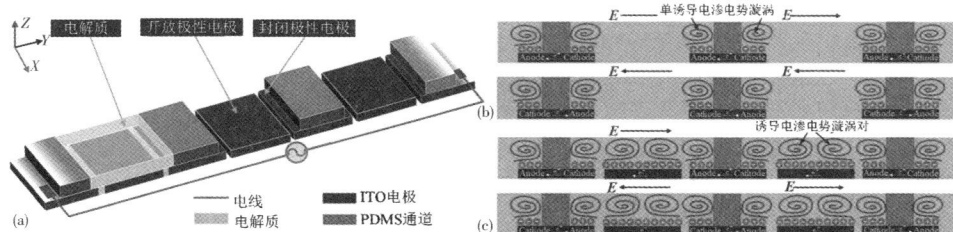

图4-26 平行诱导电荷电渗漩涡的形成

(a)电极和通道的配置；(b)电场在平行通道中的拓展；(c)双极性电极形成平行诱导电荷电渗漩涡的过程。

4.7.2 平行诱导电荷电渗漩涡的分离能力测试

在测试颗粒分离能力之前，本小节首先研究了粒子在平行诱导电荷电渗漩涡中的电动力学行为。四通道芯片照片以及 ITO 电极和 PDMS 通道的布局如图4-27(a)(b)所示。将样品从入口注入四通道器件中，并通过调节注射泵控制颗粒的轴向运动速度。在 $A=20$ V、$f=100$ Hz、$Q=288$ μL/h 时，PMMA 颗粒被选择性捕获并围绕 Y 轴做旋转运动。在浮力和 DEP 力的平衡下，PMMA 颗粒逐渐集中在旋涡中心位置，如图4-28(a)所示。由于电场和流场在平行通道中具有相似的分布，PMMA 颗粒在平行诱导电荷电渗漩涡中呈现出相同的运动轨迹。当 $A=15$ V、$f=300$ Hz、$Q=288$ μL/h 时，PMMA 颗粒从平行诱导电荷电渗漩涡中逃逸到流体停滞。因此，它们在开放双极性电极中线位置聚集，如图 4-28(b) 所示。在 $f=200$ Hz 时，研究了 PMMA 颗粒电动力学行为的电压依赖性，如图 4-28(c) 所示。PMMA 颗粒在低电压时不能被平行诱导电荷电渗漩涡捕获，因此，它们在开放双极性电极、封闭双极性电极和间隙上运动。当 $A=15$ V 时，所有 PMMA 颗粒被平行诱导电荷电渗漩涡捕获。随着电压幅值增加，PM-MA 颗粒的旋转范围呈现明显减小趋势，如图 4-28(c) 所示。随着电压的增加，PMMA 颗粒受到的负 DEP 力逐渐超过浮力，颗粒的运行高度不断升高直至漩涡中心位置。

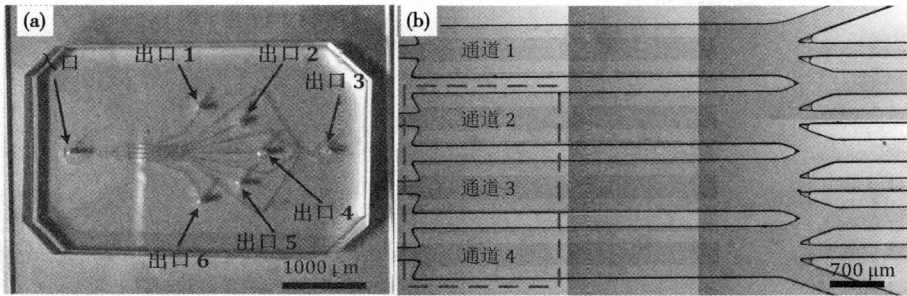

图 4-27 芯片结构

(a)四个通道设备的实际图像；(b)电极和通道的配置。

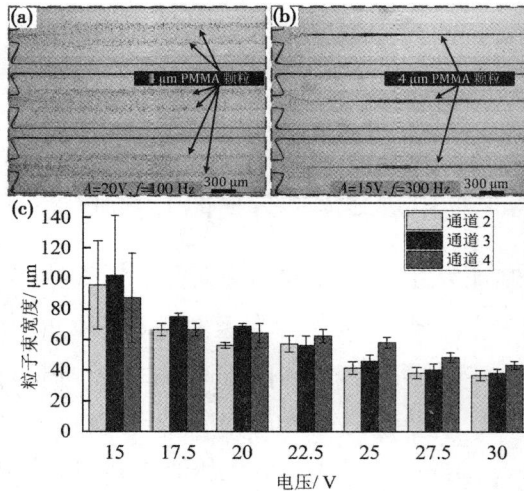

图 4-28 PMMA 颗粒运动状态

(a)和(b)PMMA 颗粒的不同平衡态；(c)不同电压下 PMMA 颗粒的运动规律。

接着,本小节在 $f = 100$ Hz 和 $A = 20$ V 时分离了二氧化硅颗粒和 PMMA 颗粒以验证平行诱导电荷电渗漩涡的筛选能力,如图 4-29(a)(b)所示。低密度的 PMMA 颗粒很容易被平行诱导电荷电渗漩涡捕获,并随之做旋转运动。与此同时,高密度的二氧化硅颗粒更倾向于从平行诱导电荷电渗漩涡中逃逸并排列在流体停滞区。值得注意的是,平行诱导电荷电渗漩涡表现出优异的分离性能,且实验分离效果与数值仿真结果一致。在平行诱导电荷电渗漩涡持续作用下,二氧化硅颗粒和 PMMA 颗粒达到了理想的分离效果,如图 4-29(c)所示。

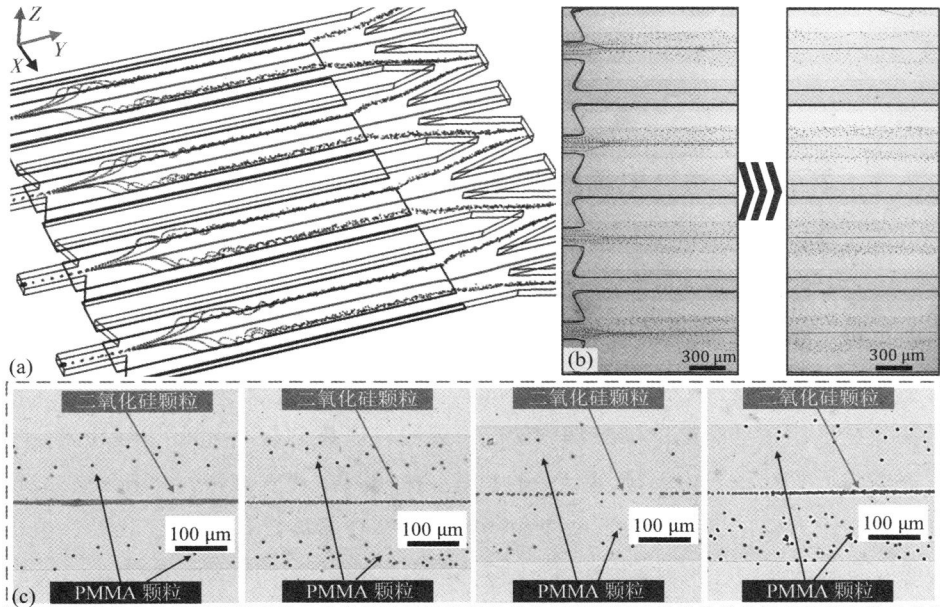

图 4-29 不同颗粒的分离

(a)颗粒分离的仿真结果;(b)颗粒分离的实验结果;(c)粒子分离的过程。

本小节还研究了电压和流体流速对平行诱导电荷电渗漩涡筛选能力的影响,如图 4-30 所示。当电压从 10 V 增加到 25 V 时,PMMA 颗粒和二氧化硅颗粒的纯度呈现上升趋势。当电压大于 20 V 时,PMMA 颗粒和二氧化硅颗粒的百分比分别超过了 96.2% 和 97.4%,如图 4-30(a)所示。随着流体流速从 115.2 μL/h 增加到 540.8 μL/h,二氧化硅颗粒的纯度从 98.4% 降低到 83.5%,PMMA 颗粒的纯度则从 98.6% 降低到 86.4%,如图 4-30(b)所示。

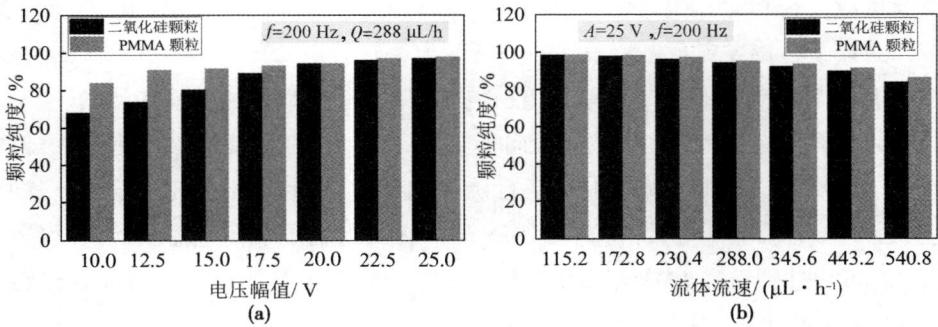

图 4-30　电压和流体流速对颗粒分离效率的影响

（a）电压对颗粒分离效率的影响；（b）流体流速对颗粒分离效率的影响。

4.7.3　基于平行诱导电荷电渗漩涡硅藻的筛选与检测

硅藻是最重要的浮游植物类群之一，由于初级生产力和对环境变量敏感的群落特征，它是水质评估和城市化评估的生物指标。因此，本小节利用 8 个通道器件筛选了硅藻并检测其阻抗谱。基于平行诱导电荷电渗漩涡的硅藻筛选过程示意图如图 4-31 所示。当 $A=40$ V、$f=200$ Hz、$Q=576$ μL/h 时，小球藻被捕获并在平行诱导电荷电渗漩涡中旋转，聚集在开发双极性电极边缘位置，但硅藻克服了平行诱导电荷电渗漩涡的捕获，被排列在开发双极性电极中心线位置。在靠近入口的区域，由于尺寸和密度较大，硅藻被转移到开放双极性电极中心，而小球藻由于尺寸和密度较小被捕获并向电极两侧移动，如图 4-32（a）所示。在平行诱导电荷电渗漩涡持续作用下，小球藻旋转范围持续减小，硅藻排列在开放双极性电极中心线处，如图 4-32（b）所示。

图 4-31　硅藻的筛选示意图

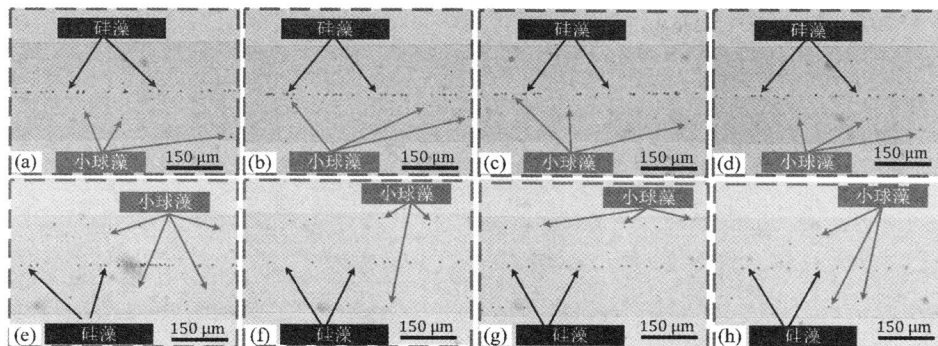

图 4-32 硅藻的筛选过程示意图

(a)-(d)入口位置微藻的运动;(e)-(h)出口位置微藻的运动。

本小节在 $f = 200$ Hz、$Q = 576$ μL/h 时,研究了平行诱导电荷电渗漩涡在不同电压下的分离能力,如图 4-33(a)。随着电压从 20 V 上升到 60 V,硅藻的纯度从 75.1% 上升到 97.2%。在 $A = 40$ V、$f = 200$ Hz 时,获得的微藻纯度与速度之间的关系,如图 4-33(b)所示。当 $Q = 576$ μL/h 时,所提取硅藻的纯度超过 93.6%。随着流体流速从 691.2 μL/h 增加到 1081.6 μL/h,硅藻的纯度从 90.2% 下降到 82.5%。

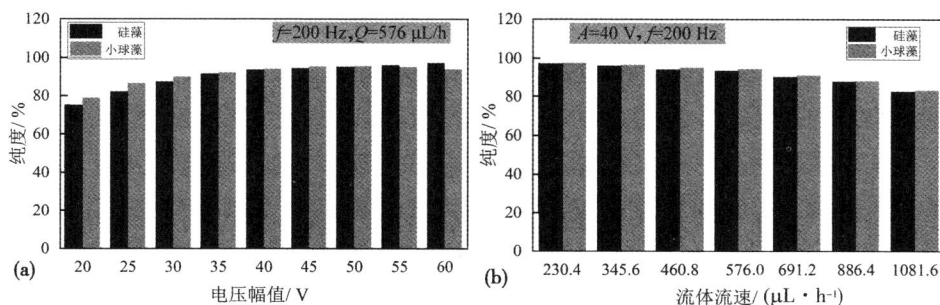

图 4-33 微藻细胞的分离效率

(a)电压对微藻细胞分离效率的影响;(b)流体流速对微藻细胞分离效率的影响。

从出口位置收集了硅藻以检测其动态阻抗谱,并测试硅藻在电压为 0.1 V 频率在 $1 \sim 10^5$ Hz 下的增殖过程。检测硅藻的等效电路和电阻抗器件,如图 4-34(a)所示。归一化阻抗在频率为 1780 Hz 下达到峰值,如图 4-34(b)所示,培养过程中硅藻细胞的照片如图 4-34(c)所示。随着时间的增加,硅藻的数量急剧增加,显著增加了 ITO 电极上的覆盖率,导致硅藻阻抗呈现增长趋势。硅藻阻抗谱检测还验证了平行诱导电荷电渗漩涡筛选方法对硅藻活性没有负面影响。

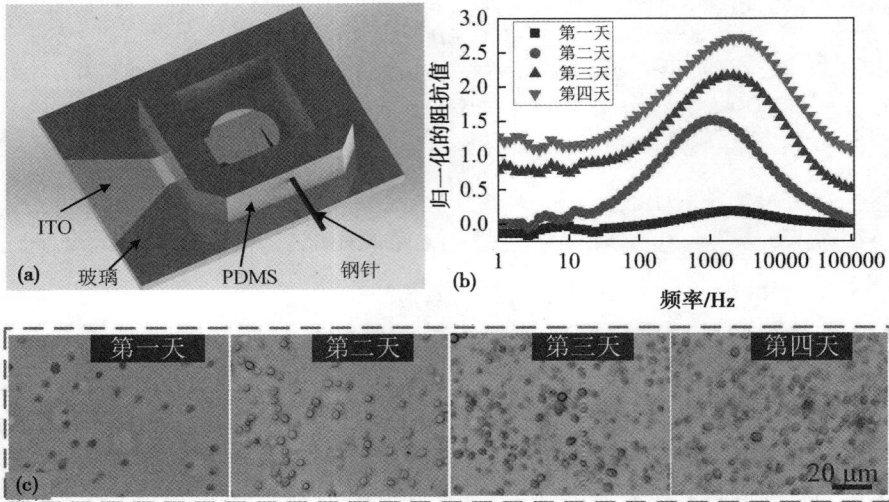

图 4-34 硅藻的检测

（a）EIS 测量装置示意图；（b）硅藻的归一化阻抗；（c）不同时刻硅藻的显微照片。

◆◇ 4.8 本章小结

本章提出了基于渐远式对称 ICEO 漩涡的颗粒分离方法，并利用该方法实现了纳米颗粒的分离和高油脂含量藻类细胞的提取。研究结果如下。

① 本章提出了基于渐远式对称 ICEO 漩涡的颗粒分离方法，为颗粒提供了充足的分离空间，克服了样本粘连对分离效果的影响。通过瞬间分离和混合 4 μm 二氧化硅颗粒和不同尺寸 PS 颗粒验证了该分离方法的灵活性，并研究液滴在 ICEO 漩涡中的运动过程，验证了该分离方法在操纵大尺寸颗粒样本方面的适应性。

② 基于纳米颗粒在对称 ICEO 漩涡中电动平衡状态的研究，将该分离方法应用于纳米颗粒提取。当电压频率为 50 Hz、幅值为 11 V、流体流速为 90 μL/h 时，成功地实现了 500 nm PS 颗粒和 600 nm 的铜纳米颗粒的分离，证明了该方法分离大尺寸微藻的可行性。

③ 将该分离方法创新性地运用在海藻细胞的提取上。当电压频率为 200

Hz、幅值为 6 V、流体流速为 90 μL/h 时，从多种藻类细胞中成功地提取了小球藻细胞，纯度高达(96.4±0.8)%。在电压频率为 300 Hz、幅值为 6 V、流体流速为 90 μL/h 时，实现了单核细胞的成功提取，纯度高达(95.2±2.3)%。

④ 基于双电层充电效应提出了一种平行诱导电荷电渗漩涡颗粒分离方法，当 $A = 40$ V、$f = 200$ Hz、$Q = 576$ μL/h 时，成功地提取了硅藻细胞，且纯度超过 93.6%，并利用阻抗方法成功实现了硅藻细胞增殖过程的阻抗信息变化，该方法有效地提高了诱导电荷电渗漩涡颗粒分离的通量。

5 诱导电荷电渗漩涡多种颗粒同时分离

◆◆ 5.1 引言

多种颗粒的分离方法在很多领域中都发挥着不可替代的作用，比如人体细胞的分离用于疾病的诊断、合成材料的筛选用于高性能电子产品的开发等。由于样本成分的多样性和不确定性，多种颗粒的分离对方法的灵活调节性、无接触性、适应性等性能要求比较高。在第 2 章和第 3 章的研究工作中分别从仿真和实验的角度验证了非对称 ICEO 漩涡在多种颗粒分离方面的能力。非对称 ICEO 漩涡的强度的灵活调节的特点能够提高分离方法的灵活性和适应性，并且该技术能以无接触的方式对多种颗粒进行同时分离。如果增加非对称 ICEO 漩涡的分离次数，能够提高对多种颗粒分离的效率和通量。因此，非对称 ICEO 漩涡在解决上述多种颗粒分离问题上具有较大的潜力。

氧化石墨烯小球作为新型应用材料具有很多优势，比如较高的比表面积、优良的抗摩擦性能和自动抗聚集特性[33]。该材料已经被应用在能量储存设备[33, 140]、能量转换装置[140]、吸光材料[118]和抗摩擦材料的填充材料[141]等方面。氧化石墨烯小球的尺寸分布对上述产品的性能具有重要的影响[33]，但是当前加工工艺难以制备出尺寸均匀的氧化石墨烯小球，并且密度等参数存在不确定性[120]。因此，开发无接触、适应性强的多种颗粒分离方法对氧化石墨烯小球进行筛选就能够巧妙地解决上述问题，为加工高性能的传感器、超级电容、太阳能电池等电子器件提供尺寸均匀的氧化石墨烯小球。

基于上述因素，本章通过设计 TARFES 去激发循环非对称 ICEO 漩涡，对多种颗粒进行反复分离，实现分离效率和通量的提高。首先，利用该 ICEO 漩涡实现三种颗粒的同时分离，验证该方法的可行性。其次，利用该方法实现多尺寸氧化石墨烯小球的筛选，并研究电压幅值对筛选效果的影响。最后，通过调节分离参数实现纳米尺度氧化石墨烯小球的筛选。

◆◇ 5.2 多种颗粒同时分离的实施方案

本章提出了基于循环非对称 ICEO 漩涡多种颗粒分离方法，具体实施方案如图 5-1 所示。在两个激发电极中间位置分布着倾斜的悬浮电极序列，在电场的激发下，通道内能够产生循环非对称 ICEO 漩涡。多种颗粒被聚集为粒子流之后进入颗粒分离区域。在非对称 ICEO 漩涡的作用下，不同颗粒产生了不同的偏移量。在该漩涡的反复作用下，它们的偏移量差异不断增大，达到多种颗粒分离的目的。在分离过程中，不同的颗粒在循环非对称 ICEO 漩涡的作用下，与电极和通道壁面没有接触，避免了样本粘壁问题。通过调制电场参数能够改变循环非对称 ICEO 漩涡强度，从而实现对分离效果的调节。

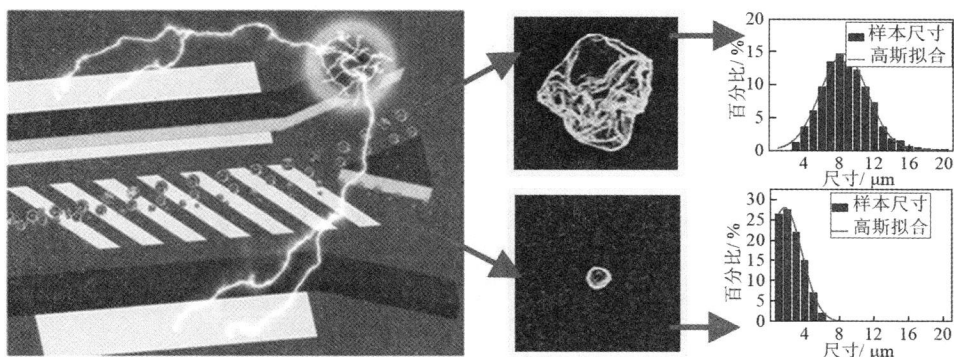

图 5-1　基于循环非对称 ICEO 漩涡的多种颗粒分离实施方案

◆◇ 5.3 多种颗粒分离装置的设计

5.3.1 分离装置的设计与制作

基于循环非对称 ICEO 漩涡多种颗粒筛选装置的示意图，如图 5-2(a) 所示，该分离装置包含两个串联的模块：聚集模块和分离模块。一个微注射泵保证芯片通道内流体具有恒定的流速。将含有混合颗粒的载体介质注入到芯片之后，聚集模块中对称 ICEO 漩涡将混合颗粒推向流体停滞线，并将颗粒聚集为一条粒子流。在颗粒分离区域，设计了 TARFES 以激发循环非对称 ICEO 漩涡去实现多种颗粒的同时分离。在分离模块中，流体拖拽力和 Buoyancy 力的协同作用（F_{Zg} 和 F_{Zb}）决定了颗粒的平衡高度。在 Y 轴方向上，流体拖拽力（F_{Yg} 和 F_{Yb}）使浅灰色和黑色颗粒产生纵向偏移。由于浅灰色和黑色颗粒的尺寸或密度存在差异，通过调节分离参数使它们在分离区域中产生不同的运动轨迹。在循环非对称 ICEO 漩涡的反复作用下，两种颗粒的运动轨迹差异不断增大，从而分离距离不断增大，分离效率也得到提高。最终，浅灰色和黑色颗粒被明显地分离成为两股粒子流，分别被输送至出口 A 和出口 B，如图 5-2（a）所示。

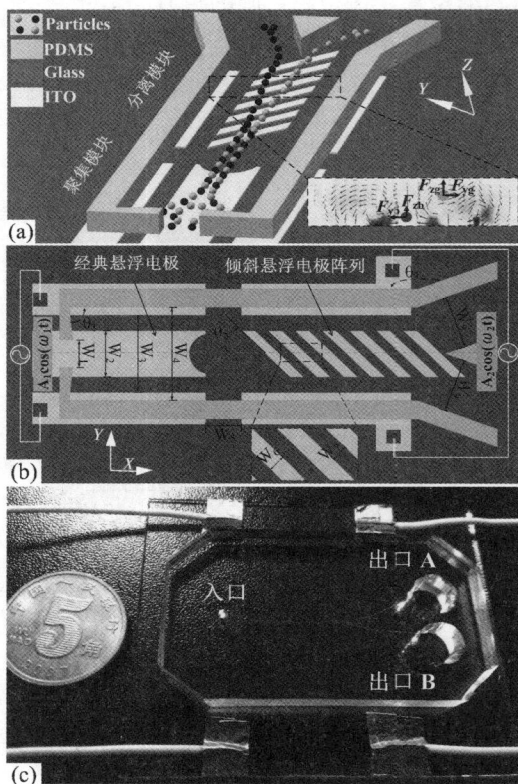

图5-2 芯片设计和加工

（a）芯片的工作原理；（b）芯片的参数；（c）芯片照片。

在实验过程中聚集模块和分离模块添加电信号的方式如图 5-2（b）所示。为了克服两个模块之间的相互作用，在聚集模块和分离模块中间设计了

1000 μm 的间隙，并在聚集模块的悬浮电极端部设计了直径为 100 μm 的圆弧结构。芯片的特征尺寸的定义如图 5-2(b)所示，分离不同电动平衡状态颗粒的芯片具体尺寸见表 5-1。根据 3.2 节中的芯片加工步骤进行实验装置的制作。加工后实验装置的照片如图 5-2(c)所示。

实验中样本和设备的准备具体包含以下几个方面：选择电导率为 10 μS/cm 的 KCl 溶液用作缓冲溶液；将 4 μm 二氧化硅颗粒和 PMMA 颗粒稀释成需要的浓度；20 mg 干酵母在 28 ℃的去离子水中复苏 20 min，然后在 60 ℃水中培养 1.5 h；在离心机中以转速为 3000 rad/min 对酵母细胞进行离心处理 40 s，然后在超声清洗机中对酵母细胞进行清洗 40 s，这个过程重复 6 遍以获得纯净的酵母细胞。每次实验前，用酒精稀释 5 倍的吐温 20 溶液将通道内壁进行浸泡；利用热喷涂技术将片状氧化石墨烯加工成氧化石墨烯小球[124]，并将其分散在载体介质中以形成稳定的分散液；样本的运动行为通过显微镜(BX53)进行实时观察，高速摄像机(Retiga-2000R)用于记录样本的运动；交流电信号由信号发生器产生，并通过信号放大器进一步放大；利用 Renishaw 拉曼光谱仪获取片状氧化石墨烯的拉曼光；利用扫描电子显微镜表征分离前后的氧化石墨烯样本；颗粒的轨迹通过软件 ImageJ 进行处理。

表 5-1　不同电动平衡状态颗粒的芯片的具体尺寸

参数	尺寸或角度
W_1	150 μm
W_2	270 μm
W_3	510 μm
W_4	570 μm
W_5	750 μm
W_6	36 μm
W_7	42 μm
W_8	200 μm
W_9	200 μm
θ_1	60°
θ_2	45°
θ_3	165°

5.3.2　循环非对称 ICEO 漩涡的流场分布

本小节通过研究悬浮电极阵列的倾斜角度和相邻间距对纵向流速的影响规律，确定了 TARFES 结构参数。通过数值模拟并对比了倾角为 30°，45°，60°，75°四种结构阵列悬浮电极表面不同高度处截面(三个截面与通道底部的距离分别为 8，21，36 μm)的流体纵向流速，如图 5-3(a)-(c)所示。通过对比这四种配置结构的参数可知：当 TARFES 的倾斜角度为 45°时，在截面 1，2，3 中，纵向流速达到最大值，能够为颗粒的分离提供充足的动力。同时，研究了阵列电极间隙分别是 42，63，84，105 μm 四种配置的 TARFES 电极结构表面流体的纵向流速，如图 5-3(d)-(f)所示。根据悬浮电极的间距对纵向流速的影响可知：随着间隙距离的增大，纵向最大流速呈现下降的趋势，当间隙为 42 μm 时，在通道中产生较强的流速。此外，当 TARFES 的间隙为 42 μm 时，颗粒的纵向净偏移量可以得到进一步增大。考虑加工精度，确定 TARFES 的倾角为 45°，间隙为 42 μm。

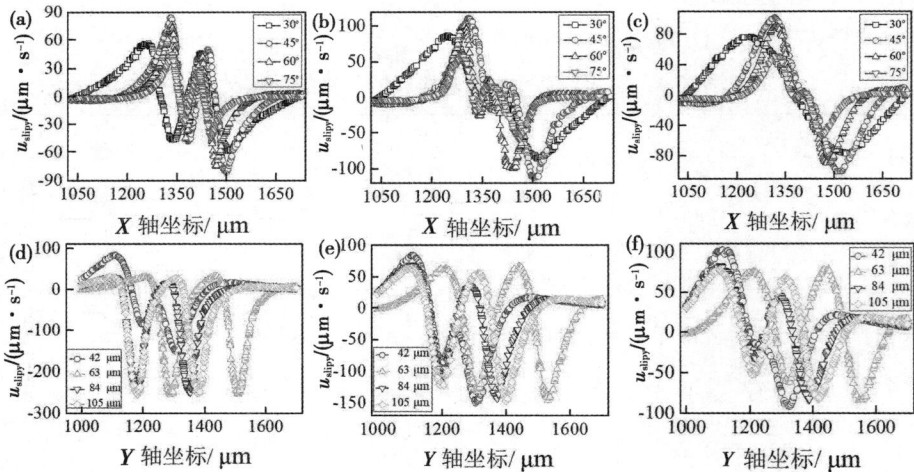

图 5-3　不同的 TARFES 上流体的流速分布

(a)倾斜角度对高度为 8 μm 的平面上流体流速的影响；(b)倾斜角度对高度为 21 μm 的平面上流体流速的影响；(c)倾斜角度对高度为 36 μm 的平面上流体流速的影响；(d)电极间距对高度为 8 μm的平面上流体流速的影响；(e)电极间距对高度为 21 μm 的平面上流体流速的影响；(f)电极间距对高度为 36 μm 的平面上流体流速的影响。

X-Y 截面上的流场分布对颗粒纵向迁移发挥着重要作用，因此研究了不同高度流场分布情况。根据仿真结果可知：当通道高度为 0~24 μm 时，流场对颗

粒具有很明显的聚集效应，如图 5-4(a) 所示。当通道高度为 24~42 μm 时，流体对颗粒具有明显的纵向拖拽效应，如图 5-4(b) 所示。当通道高度为 42~76 μm 时，流体方向开始指向左侧或右侧，这种效应是由左右两侧漩涡作用引起的，如图 5-4(c) 所示。值得注意的是，右侧的漩涡展示出更大的作用范围和更强的捕获能力。将上述三个通道高度范围分别定义为第一层、第二层和第三层，如图 5-4(d) 所示。为了进一步说明流场的分布情况，研究了一个基础循环单元在 Y-Z 平面的流场分布情况，截面的定义如图 5-4(e) 所示。根据漩涡在截面 1，2，3 上的分布可知：和左侧漩涡相比，右侧漩涡具有较强的捕获能力，如图 5-4(f)-(h) 所示。除此之外，截面 4，5，6 处的漩涡在电极表面产生了向左的纵向流速。该纵向流速对颗粒左侧的纵向迁移具有重要的影响，如图 5-4(i)-(k) 所示。TARFES 每个重复单元的非对称 ICEO 漩涡分布相同，它们能够对颗粒进行反复筛选。

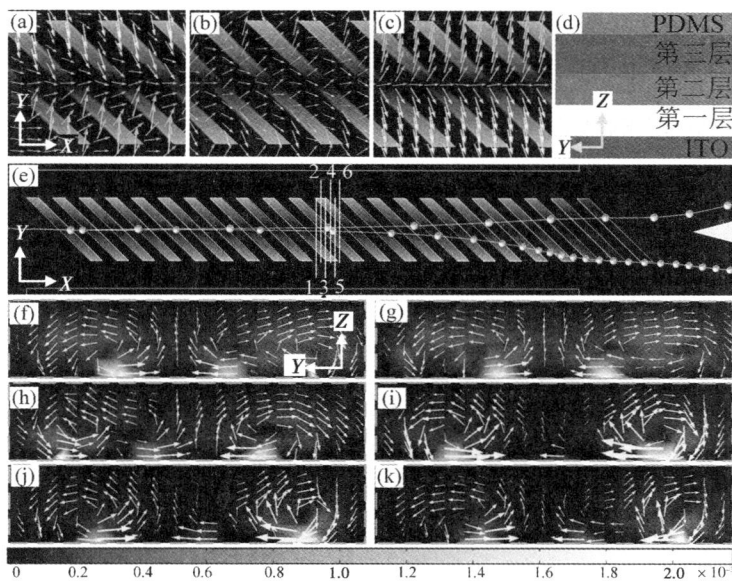

图 5-4 选定结构激发循环非对称 ICEO 漩涡的流场分布

(a)-(c) 不同高度的流场分布；(d) 流体层的定义；(e)-(k) 横截面处漩涡分布。

◆◇ 5.4 不同电动平衡状态颗粒的分离与参数影响规律

当颗粒进入分离模块之后,在流体拖拽力和 Buoyancy 力的平衡作用下,它们被重新定位在悬浮电极附近。颗粒保持聚集状态,沿着流体停滞线运动。根据通道底部的流场分布,在第一层中流体停滞线产生了向左的偏移。在 TAR-FES 的每个单元上,随着外加电压的增加,颗粒被提升到第二层平面,并被纵向流体运输到左侧。这种向左偏移的颗粒运动行为是循环非对称 ICEO 漩涡中的第一种电动平衡状态。当颗粒逃出一个周期的非对称 ICEO 漩涡的作用,流体将颗粒输送至下一个周期。在 TRAFES 上,随着纵向流速的持续迁移作用,粒子流产生了明显的向左的净偏移量。颗粒的密度和尺寸决定其在通道内的平衡高度,它们在局部流速的作用下以特定的速度运动,并产生不同的偏移量。当电压进一步被提高至临界值时,颗粒被右侧漩涡捕获,并随着漩涡运动(右侧漩涡展现出较大的作用范围),产生向右的偏移。造成该现象的原因,可能是:较高的电压加强了向上的提升力,将颗粒提升到更高的位置。在这种情况下,颗粒被右侧的漩涡捕获,并随着右侧漩涡一起运动。这种颗粒运动行为是循环非对称 ICEO 漩涡中的第二种电动平衡状态。不同物理特性的颗粒在特定的循环非对称漩涡中表现出不同的电动平衡状态,在非对称 ICEO 漩涡的反复作用下,颗粒运动轨迹的差异不断放大,实现颗粒的分离。因此,通过调节外加电压参数,能够实现具有不同电动平衡状态的两种颗粒分离和具有相同电动平衡状态的两种颗粒分离。在不同电动平衡状态颗粒的分离中,密度大的颗粒被平衡在第一层,沿着流体停滞区运动并产生了向左的偏移。密度小的颗粒被右侧在第三层的漩涡捕获,产生右侧的偏移。在相同电动平衡状态颗粒分离中,两种不同尺寸的颗粒被定位在第一层和第二层,由于不同的流体作用力,它们呈现出不同的运动轨迹。

5.4.1 不同电动平衡状态颗粒分离的实验验证

相同电动平衡状态颗粒分离的示意图如图 5-5 所示。根据图 5-5(a)可知:密度小的颗粒被提升到较高的平面,而密度大的颗粒停留在悬浮电极表面附近。根据图 5-5(b)和 Y-Z 截面流场分布可知:密度大的颗粒产生了向左的偏移,密度小的颗粒被右侧漩涡捕获,产生了向右的偏移。

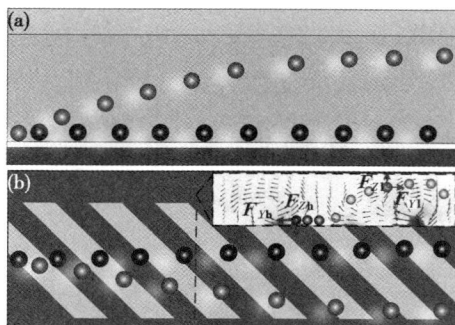

图 5-5 不同电动平衡状态颗粒分离原理示意图

(a)分离原理的侧视图；(b)分离原理的俯视图。

接着，分离了二氧化硅颗粒和 PMMA 颗粒，从实验的角度去证明不同电动平衡状态颗粒分离的可行性。将混合颗粒通过入口注入芯片中，在聚集区域，它们被聚集为粒子束，并且没有颗粒泄漏情况发生，如图 5-6(a)所示。在通往分离区域的位置，处于聚集状态的颗粒沿着直线运动，如图 5-6(b)所示。颗粒进入分离区域后，被聚集为更细的粒子流，如图 5-6(c)所示。造成这种现象主要是由于 X 轴方向流体流动对颗粒的运动具有加速效应，造成颗粒的浓度降低。在循环非对称 ICEO 漩涡的持续作用下，二氧化硅颗粒向左偏移，PMMA颗粒向右偏移，产生了两条不同的粒子流，如图 5-6(d)所示。二氧化硅颗粒保持在原本的平衡高度，但是它们被推离了原本的运动轨迹。PMMA 颗粒被右侧漩涡捕获，随着右侧漩涡运动，并产生了向右的偏移。因此，循环非对称ICEO 漩涡实现了两种颗粒的分离，如图 5-6(e)所示。最终，二氧化硅颗粒和PMMA 颗粒分别进入了出口 A 和出口 B，如图 5-6(f)所示。

在本小节，通过降低流体的速度观察了二氧化硅颗粒和 PMMA 颗粒在循环非对称 ICEO 漩涡中的运动规律，如图 5-7 所示。由图 5-7 可知：在 Z 轴方向流体拖拽力和 Buoyancy 力的平衡作用下，二氧化硅颗粒停留在通道底部附近的平面。在流体停滞区的作用下，二氧化硅粒子流产生了向左的偏移。在循环非对称 ICEO 漩涡的作用下，二氧化硅颗粒在一定程度上被甩回通道的中心线，该现象与第一层中的流体分布具有很好的一致性，如图 5-4(a)所示。值得注意的是，在非对称 ICEO 漩涡的反复作用下，二氧化硅粒子流产生向左的净偏移量。与此同时，PMMA 颗粒被右侧的漩涡捕获，并随着右侧的漩涡一起运动。为了进一步说明 PMMA 颗粒的运动轨迹，跟踪了 PMMA 颗粒 1，2，3 的运

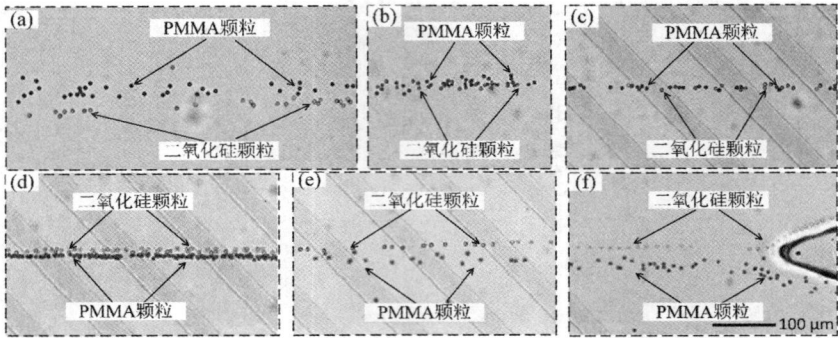

图5-6 二氧化硅颗粒与 PMMA 颗粒的分离

(a)颗粒在聚集区域的运动；(b)颗粒在过渡区域的运动；(c)~(e)颗粒在分离区域的运动；(f)颗粒在出口的运动。

动过程，如图5-7所示。在运动过程中，它们分别用标注数字 1，2，3 的圆圈标记。通过分析时序图片中标记颗粒位置的变化可知：PMMA 颗粒在纵向的位置随着时间的变化产生了周期性波动。这样可以准确地断定 PMMA 颗粒确实是被右侧漩涡捕获并随着漩涡一起运动，该现象与不同电动平衡状态颗粒分离的机理分析结果具有很好的一致性。

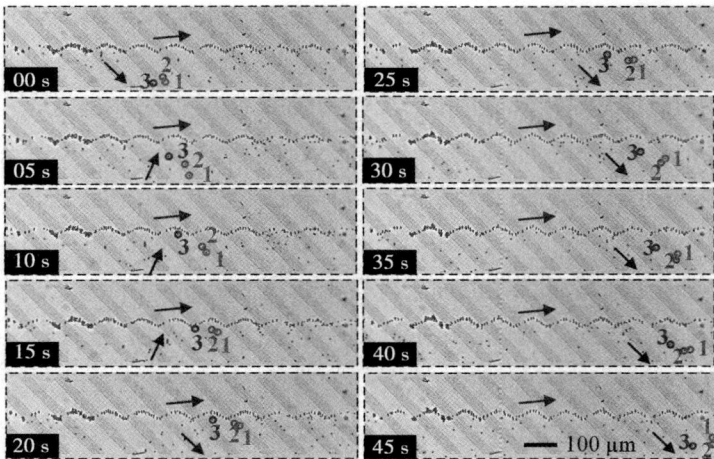

图5-7 在分离过程中二氧化硅颗粒与 PMMA 颗粒的运动规律

5.4.2 电压幅值和流体流速对分离效果的影响

当液体流速为 54 μL/h、频率为 200 Hz 时，本小节研究了电压幅值对颗粒运动轨迹的影响。当分离区域未施加电信号时，粒子流保持直线运动通过分离区域，如图 5-8(a)所示 。当电压幅值为 12 V 时，二氧化硅颗粒产生了向左的偏移，但是 PMMA 颗粒产生了向右的偏移，如图 5-8(b)所示。当电压幅值提高到 13 V 时，二氧化硅颗粒和 PMMA 颗粒的偏移量进一步增大，如图 5-8(c)所示。当电压幅值提高到 15 V 时，PMMA 颗粒开始变得离散，并且一些 PMMA 颗粒到达了 TARFES 的边界位置，如图 5-8(d)所示。造成这种现象的原因是：PMMA 颗粒被右侧漩涡捕获，并随着漩涡一起运动。与此同时，二氧化硅颗粒的偏移量不断增大。如果把电压幅值提高到 16 V，所有的 PMMA 颗粒被右侧漩涡捕获，偏移量达到了极限位置，即 TARFES 的右侧边界，如图 5-8(e)所示。将电压幅值提高到 17 V 时，部分 PMMA 颗粒被抛回 TARFES 中间，造成该现象是由右侧漩涡的加速效应和较大的作用范围导致的。通过实验结果可以进一步知道 PMMA 颗粒确实被右侧漩涡捕获，并随着右侧漩涡一起运动，如图 5-8(f)所示。

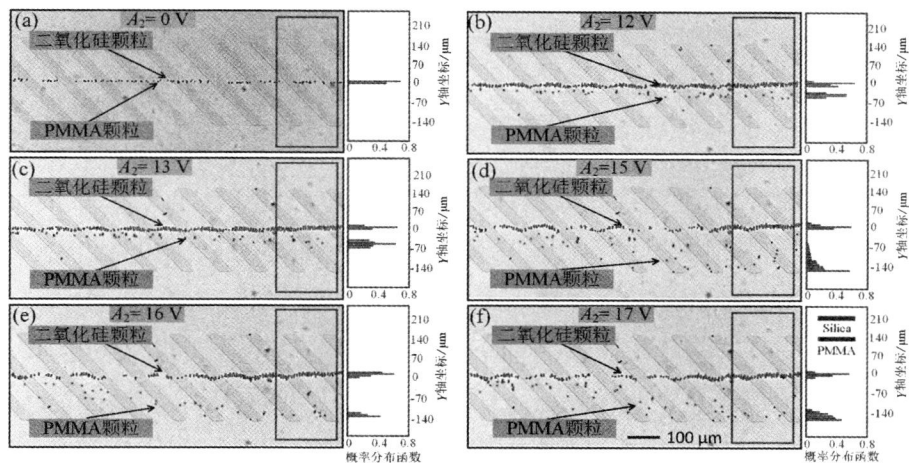

图 5-8　电压幅值对分离效果的影响

(a)电压幅值为 0 V；(b)电压幅值为 12 V；(c)电压幅值为 13 V；(d)电压幅值为 15 V；(e)电压幅值为 16 V；(f)电压幅值为 17 V。

当电压幅值为 12 V、频率为 150 Hz 时，研究了流体流速对装置分离效果的影响，如图 5-9 所示。当流速为 108 μL/h 时，两种颗粒达到了良好的分离效果，如图 5-9(a)所示。在该条件下，分离距离为 57.58 μm，如图 5-9(b)所示，分离效率为(90.3±1.0)%，如图 5-9(c)所示。当将流体流速降低为90 μL/h时，分离距离进一步增大到 66.01 μm，分离效率为(91.4±1.6)%。进一步将流体流速降低为 72 μL/h 时，分离距离增加为 74.4 μm，分离效率增加为(94.6±1.1)%。将流体流速降低为 54 μL/h 时，分离效果得到了进一步改善，分离距离增大到 78.32 μm，分离效率提高到(95.1±1.5)%。

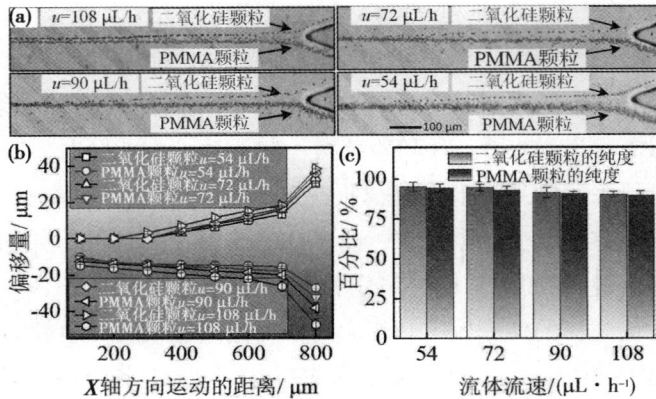

图 5-9 流体流速对装置分离效果的影响

(a)不同流速下颗粒的分离过程；(b)颗粒的偏移量；(c)流体流速对分离效率的影响。

5.4.3 颗粒的浓度比例对分离效果的影响

在实际情况中，需要从大量的样本中提取稀少的目标物体。基于此现状，研究了颗粒样本的比例对分离效果的影响。将 10 μL 浓度为 $6×10^8$ 个/mL 的二氧化硅颗粒和 PMMA 颗粒稀释为 2, 4, 200 mL 浓度分别为 $3×10^6$, $1.5×10^6$, $3×10^4$ 个/mL。为了获得浓度比例(number density ratio, NDR)为 50∶1 的二氧化硅颗粒和 PMMA 颗粒，从稀释后的样本中取 1 μL 的浓度分别为 $1.5×10^6$ 和 $3.0×10^4$ 个/mL 二氧化硅颗粒和 PMMA 颗粒样本进行混合。将 1 μL 浓度分别为 $3×10^6$ 和 $3×10^4$ 个/mL 的二氧化硅颗粒和 PMMA 颗粒进行混合，得到浓度比例为 100∶1 的二氧化硅颗粒和 PMMA 颗粒。接着，研究了颗粒浓度比例对分离效果的影响，如图 5-10 所示。

当流体流速为 54 μL/h、频率为 150 Hz、颗粒比例为 50∶1 时，研究了电压幅值对于稀少 PMMA 颗粒的提取效率。当电压幅值为 13 V 时，二氧化硅颗粒

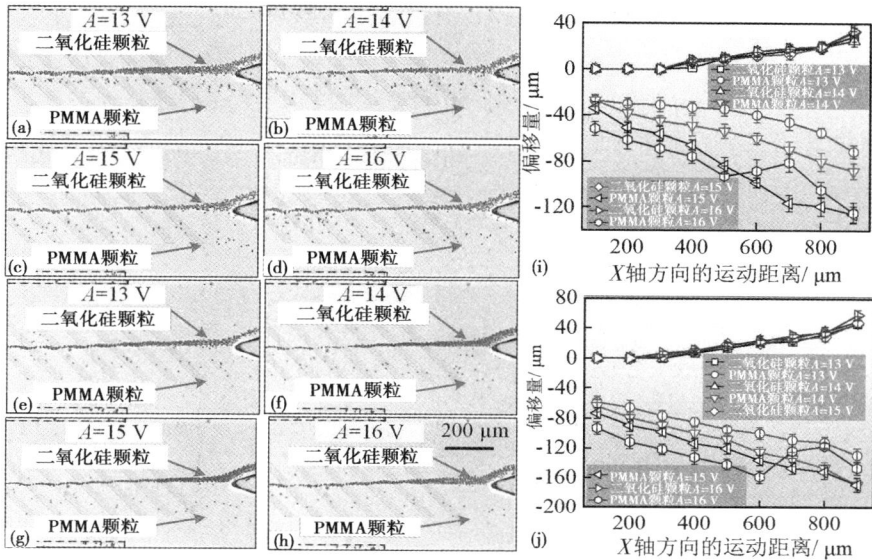

图 5-10　颗粒样本比例为 50∶1 和 100∶1 时颗粒的分离过程

（a）比例为 50∶1，电压幅值为 13 V 时的颗粒运动轨迹；（b）比例为 50∶1，电压幅值为 14 V 时的颗粒运动轨迹；（c）比例为 50∶1，电压幅值为 15 V 时的颗粒运动轨迹；（d）比例为 50∶1，电压幅值为 16 V 时的颗粒运动轨迹；（e）比例为 100∶1，电压幅值为 13 V 时的颗粒运动轨迹；（f）比例为 100∶1，电压幅值为 14 V 时的颗粒运动轨迹；（g）比例为 100∶1，电压幅值为 15 V 时的颗粒运动轨迹；（h）比例为 100∶1，电压幅值为 16 V 时的颗粒运动轨迹；（i）比例为 50∶1 时颗粒的偏移量；（j）比例为 100∶1 时颗粒的偏移量。

和 PMMA 颗粒分别被输送到出口 A 和出口 B，分离距离是 158.17 μm，PMMA 颗粒的纯度是（97.3±0.8）%，如图 5-10（a）所示。当把电压幅值提高到 14 V 时，PMMA 颗粒和二氧化硅颗粒被输送到预设的出口，分离距离是 158.56 μm，PMMA 颗粒的纯度是（95.8±1.1）%，如图 5-10（b）所示。当电压幅值提高到 15 V 时，分离距离是 113.56 μm，PMMA 颗粒的纯度是（92.8±1.2）%，如图 5-10（c）所示。当电压幅值提高到 16 V 时，分离距离是 100.24 μm，PMMA 颗粒的纯度是（90.5±1.2）%，如图 5-10（d）所示。在不同电压幅值下，颗粒的偏移量如图 5-10（i）所示。当颗粒幅值的密度比例为 100∶1 时，该部分又系统地研究了该分离模式下，循环非对称 ICEO 漩涡分离方法在提取稀有颗粒方面的性能。当电压幅值为 13，14，15，16 V 时，两种颗粒的分离过程如图 5-10（e）-（h）所示，它们的偏移量如图 5-10（j）所示。随着电压幅值的增大，分离距离先增大后减小，造成该现象的原因是：当电压幅值很高时，PMMA 颗粒随着右侧漩涡一起运动，有一部分 PMMA 颗粒被甩回通道流体停滞区位置。上述两种颗粒比例下，该方法的分离效率被总结在图 5-11 中。当颗粒的比例为 50：1 和 100：1、电压幅值介于 13~16 V 时，该方法的分离效率均大于 88.3%。因此，循环非对称 ICEO 漩涡在含量很低的目标颗粒的提取方面依然具有出色的表现。

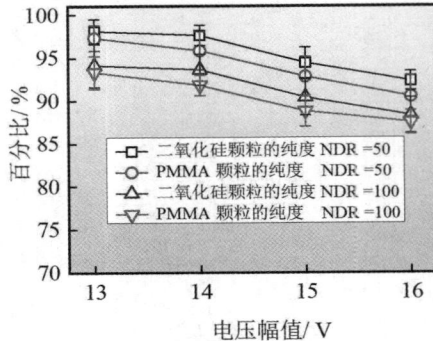

图 5-11 不同颗粒比例的颗粒分离效率

◆◇ 5.5 相同电动平衡状态颗粒的分离与参数影响规律

5.5.1 相同电动平衡状态颗粒分离的实验验证

相同电动平衡状态颗粒分离工作原理如图 5-12(a)(b) 所示。根据俯视图和侧视图，可以知道两种颗粒均被提升到第二层。由于尺寸的差异，它们以不同的迁移速度向通道左侧运动。图 5-12(c) 说明了相同电动平衡状态颗粒在分离过程中的运动情况。为了从实验的角度证明相同电动平衡状态颗粒分离的可行性，本小节分离了密度接近的 PMMA 颗粒和酵母细胞。当混合颗粒进入分离模块时，在循环非对称 ICEO 漩涡的作用下，颗粒被平衡在第二层。在不同的流体拖拽力的作用下，它们在分离区域展示出不同的运动轨迹。为了将目标颗粒输运到想要的出口位置，重新设计了连接出口 A 和出口 B 的两个分叉通道。连接出口 A 的通道宽度缩小为 180 μm，连接出口 B 的通道宽度增加为 220 μm。在实验中，利用该模式分离了 PMMA 颗粒和酵母细胞，它们的运动情况如图 5-12(d) 所示。值得注意的是，PMMA 颗粒和酵母细胞被推离了原本的运动轨迹，向电极左侧运动。在迁移的过程中，PMMA 颗粒表现出比酵母细胞更快的迁移速度。造成该现象的原因是 PMMA 颗粒密度比酵母细胞小，被定位在较高的位置，该位置具有较快的局部流体流速，从而产生了较大的偏移量。

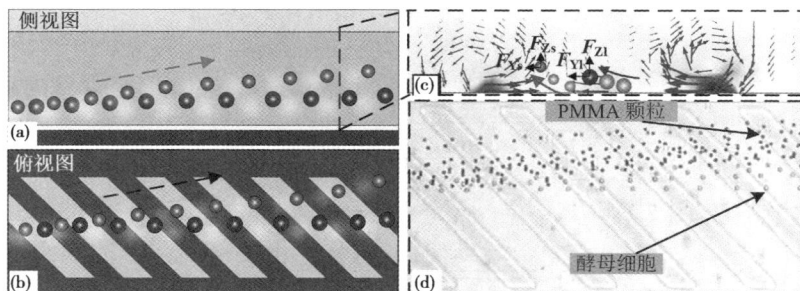

图 5-12　相同电动平衡状态颗粒分离的示意图

（a）分离原理的侧视图；（b）分离原理的俯视图；（c）X-Z 截面上的流场分布；（d）PMMA 颗粒和酵母细胞的分离过程。

5.5.2　电压幅值和流体流速对分离效果的影响

本小节在频率为 100 Hz 的条件下，研究了电压幅值对分离效果的影响。当电压幅值为 6 V 时，PMMA 颗粒和酵母细胞在第二层中被纵向流速拖拽并产生向左的偏移，它们全部进入出口 A，如图 5-13（a）所示。如果将电压幅值降低到 5.5 V，酵母细胞的偏移量在一定程度上被减小，一部分酵母细胞开始流进出口 B，如图 5-13（b）所示。当电压幅值降低至 5 V 时，酵母细胞所在的高度被降低并进入第一层，而 PMMA 颗粒依然被平衡在第二层，两种颗粒呈现出明显的分离状态。所有的 PMMA 颗粒进入到出口 A，所有的酵母细胞进入到出口 B，如图 5-13（c）所示。将电压幅值进一步减小至 4.5 V 时，PMMA 颗粒和酵母细胞的分离效果得到进一步改善，如图 5-13（d）所示。

当电压幅值为 5 V、频率为 100 Hz 时，研究了流体流速对分离效果的影响，如图 5-14（a）所示。在不同的 X 轴位置，颗粒在 Y 轴方向的偏移量如图 5-14（b）所示。流体流速对分离效率的影响如图 5-14（c）所示。当流体流速为 108 μL/h 时，部分 PMMA 颗粒没有被输运到要求的出口位置，分离距离只有 24.42 μm，分离效率只有（85.3±1.1）%。当流体流速为 90 μL/h 时，PMMA 颗粒和酵母细胞被输运至目标出口，分离距离增大为 58.5 μm，分离效率提高到（90.4±2.1）%。当将流体流速降低为 72 μL/h 时，分离距离增大到 62.52 μm，分离效率提高到（92.6±1.5）%。将流体流速进一步降低为 54 μL/h，分离效果得到进一步改善，分离距离达到 67.31 μm，分离效率达到（93.1±0.2%）。

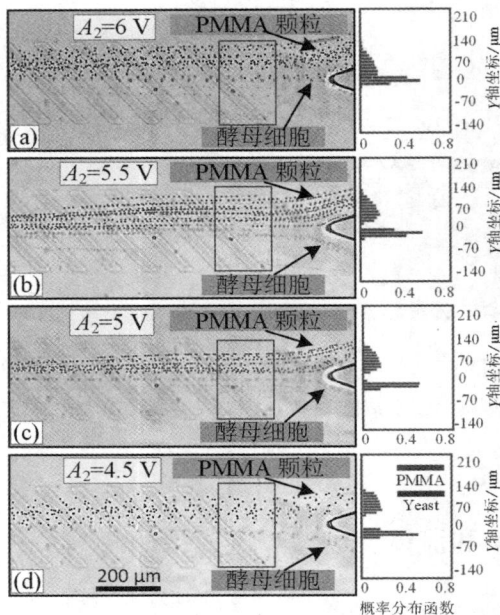

图 5-13　不同电压幅值下 PMMA 颗粒与酵母细胞的分离过程

（a）电压为 6 V；（b）电压为 5.5 V；（c）电压为 5 V；（d）电压为 4.5 V。

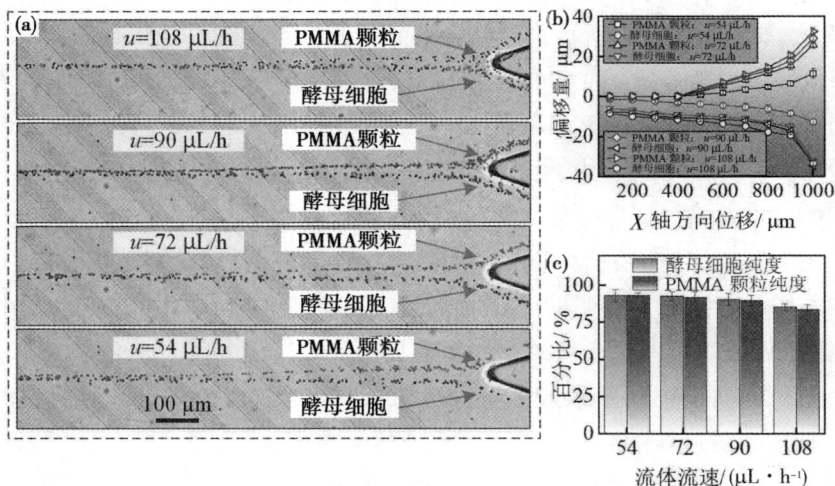

图 5-14　流体流速对 PMMA 颗粒和酵母细胞分离效果的影响

　　（a）不同流体流速下颗粒的分离过程；（b）不同流体流速下颗粒的偏移量；（c）不同流体流速下颗粒的分离效率。

◆◇ 5.6   三种颗粒同时分离

当电压为 6 V、频率为 100 Hz、流体流速为 54 μL/h 时，进一步利用该分离方法同时分离三种颗粒，具体包括酵母细胞、二氧化硅颗粒和 PMMA 颗粒。为了更加清楚地表征三种颗粒的分离过程，在不同的高度记录了三种颗粒的运动轨迹，如图 5-15(a) 所示。

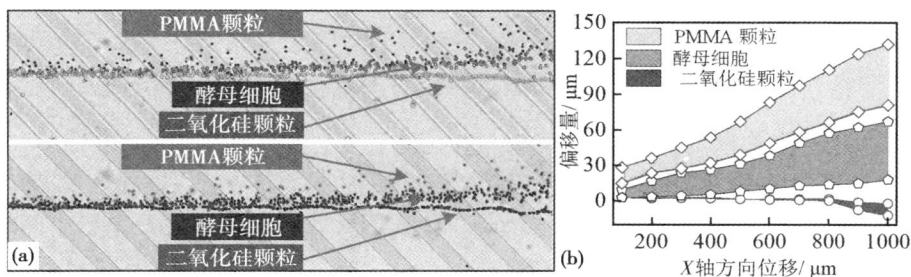

图 5-15   三种颗粒同时分离

(a) 三种颗粒分离的实验图；(b) 三种颗粒的运动范围。

根据实验照片可知：在分离过程中，PMMA 颗粒和酵母细胞产生向左的偏移，但是 PMMA 颗粒的纵向迁移速度大于酵母细胞，而二氧化硅颗粒被平衡在流体停滞区附近，产生了轻微的向左偏移。在循环非对称 ICEO 漩涡作用下，运动差异不断被放大，达到了比较好的分离效果。三种颗粒在通道末端的迁移范围如图 5-15(b) 所示。

在实验的基础上，本书进行了上述三种颗粒分离过程的数值模拟，如图 5-16 所示。根据图 5-16 可知：在仿真中，这三种颗粒产生了明显的分离效果，该结构与图 5-15 中实验结果具有很好的一致性。因此，该分离方法能够实现多种颗粒的同时分离。

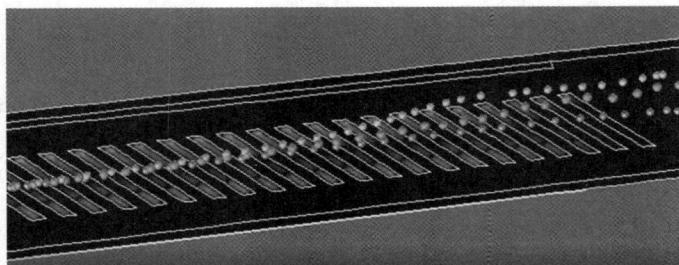

图 5-16　三种颗粒分离仿真

◆◇ 5.7　氧化石墨烯小球的表征

氧化石墨烯小球的尺寸分布对其最终产品 (如电池[33, 142]、超级电容[95, 130, 143, 144]) 的性能具有重要的影响。如果用尺寸均匀的氧化石墨烯小球加工需要的电子器件，或者改进已经存在的产品，可以使产品的性能变得更加可控。本节将循环非对称 ICEO 漩涡分离方法运用到氧化石墨烯小球的多尺寸筛选方面。为了表征氧化石墨烯薄片，在拉曼光谱仪中分别用能量为 0.5，2.5，5 mW，波长为 532 nm 的激光扫描了薄片的光谱，如图 5-17 所示。根据图 5-17 所示，氧化石墨烯薄片在 1350 cm^{-1} 和 1590 cm^{-1} 出现峰值，展示碳材料在拉曼光谱中的突出特性：D 和 G 碳带。

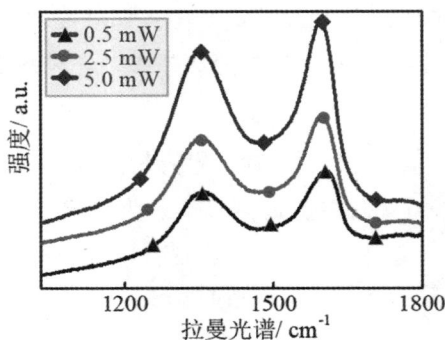

图 5-17　不同功率下氧化石墨烯的拉曼光谱分布

通过热喷涂工艺将二维氧化石墨烯薄片进行褶皱处理以实现不同尺寸的氧化石墨烯小球制备。原始的二维氧化石墨烯薄片的 SEM 图如图 5-18(a) 所示。然后，通过扫描电镜观察了加工出来的氧化石墨烯小球与其表面的褶皱结构，如图 5-18(b)(c)所示。除此之外,通过扫描电镜观察了不同尺寸的氧化石墨烯小球的形态,部分氧化石墨烯小球的 SEM 图如图 5-18(d)所示。

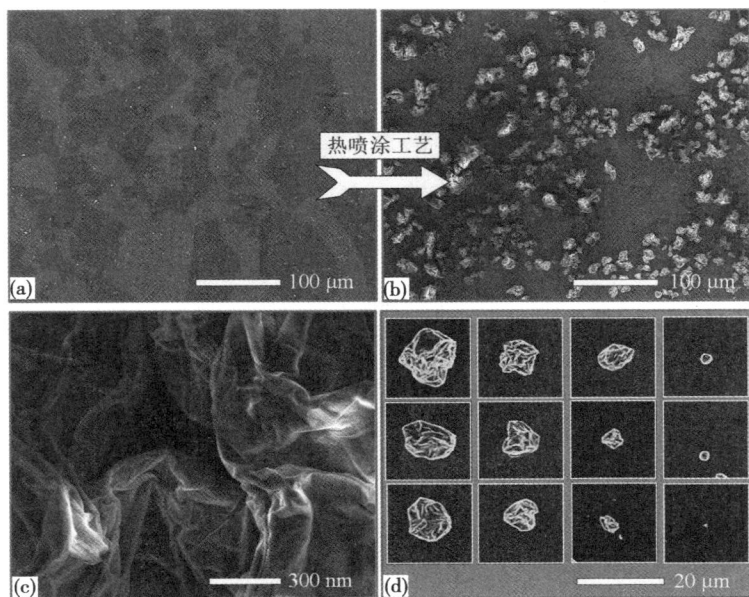

图 5-18 氧化石墨烯小球的 SEM 图片

(a)氧化石墨烯薄片的 SEM 图;(b)氧化石墨烯小球的 SEM 图;(c)氧化石墨小球局部的 SEM 图;(d)不同尺寸氧化石墨烯小球的 SEM 图。

为了研究不同尺寸氧化石墨烯小球在循环非对称 ICEO 漩涡中的受力情况,该部分通过数值模拟的方法,分析了不同尺寸颗粒在通道底部受到的提升力,如图 5-19(a)所示。尺寸小且密度小的颗粒容易被从通道底部提升,尺寸大且密度大的颗粒则不容易被提升。除此之外,本节也研究了不同尺寸的颗粒在不同高度平面上所受到的提升力,如图 5-19(b)所示。由图 5-19(b)可知:随着高度的增加,提升力被加强。当高度处于 6 μm 时,提升力达到了最大值。当高度超过 6 μm 时,提升力开始减小。

由于新合成的氧化石墨烯小球各项属性是未知的,当流体流速为 36 μL/h 时,测量了不同尺寸氧化石墨烯小球在不同电压幅值和频率下 X 轴方向的迁移速度。它们的迁移特性能够为后续的分离实验提供指导。在不同电压幅值和频率下,不同尺寸的氧化石墨烯小球在 X 轴方向的迁移速度如图 5-19(c)和图 5-19(d)所示。由图 5-19(c)可知:大尺寸的氧化石墨烯小球分布在第二层,具有较大的迁移速度,小尺寸的氧化石墨烯小球分布在第一层,具有较小的迁

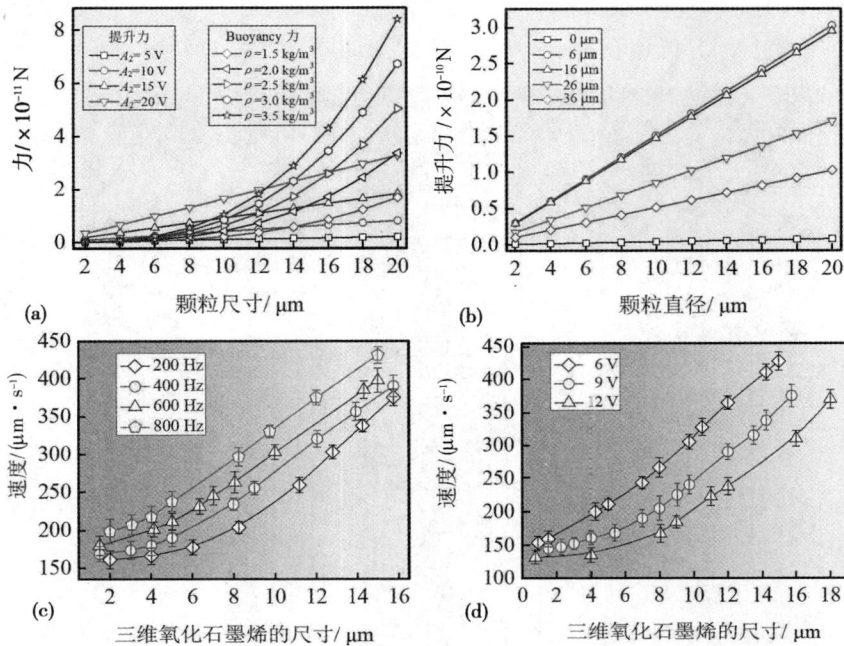

图 5-19　氧化石墨烯小球的运动过程表征

（a）不同尺寸颗粒在通道底部的受力情况；（b）不同尺寸颗粒在不同高度的受力情况；（c）频率对不同尺寸氧化石墨烯小球迁移速度的影响；（d）电压幅值对不同尺寸氧化石墨烯小球迁移速度的影响。

移速度。造成该现象的原因是：尺寸大的氧化石墨烯小球的密度小于尺寸小的氧化石墨烯小球的密度，它们具有不同的平衡高度，从而表现出不同的迁移速度。悬浮电极双电层中的电荷和氧化石墨烯小球表面极化电荷之间的互动力（F_{p-e}）在尺寸较小的氧化石墨烯小球的低速运动中发挥着重要的作用。随着频率的增加，尺寸小的氧化石墨烯小球的迁移速度在一定程度上被提高。由图 5-19（d）可知：随着电压幅值的提高，尺寸小的氧化石墨烯小球和悬浮电极的相互作用不断加强，从而造成其迁移速度越来越小。

◆◆ 5.8　多种尺寸氧化石墨烯小球的筛选

5.8.1　氧化石墨烯小球的聚集行为

在筛选多尺寸氧化石墨烯小球之前，本小节研究了氧化石墨烯小球在聚集模块 ICEO 漩涡中的聚集特性。在悬浮电极表面流体拖拽力的作用下，氧化石墨烯小球被聚集，并且被排列在流体停滞线上。当电场的频率接近于悬浮电极的弛豫频率(168 Hz)时，氧化石墨烯小球被聚集为一条粒子流。随着频率的增加，悬浮电极表面电渗流的速度不断减小，粒子流的宽度不断增大。在不同频率下，电压为 9 V 时，氧化石墨烯小球的聚集照片如图 5-2 所示。

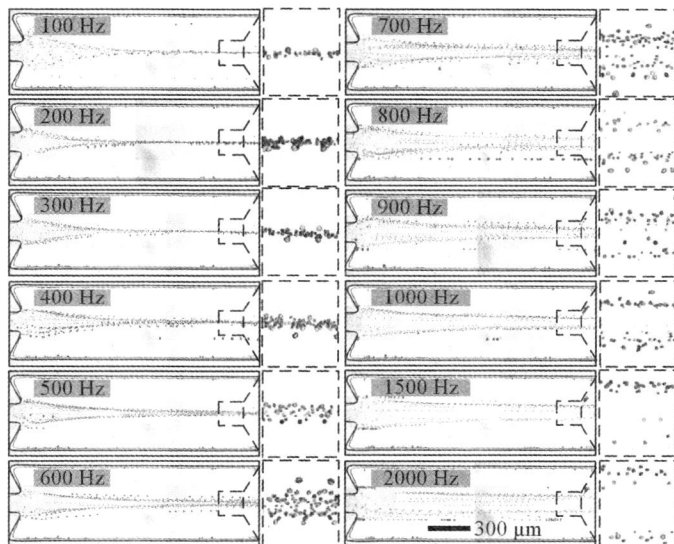

图 5-20　不同频率下氧化石墨烯小球的聚集过程

根据图 5-20 可知：当频率为 100~600 Hz 时，氧化石墨烯小球被聚集在流体停滞线上。如果频率大于 600 Hz，漩涡的强度开始明显降低，DEP 效应明显增强，一些氧化石墨烯小球开始挣脱漩涡的控制，而逃到悬浮电极外部。在正 DEP 力的作用下，部分氧化石墨烯小球被吸引到悬浮电极两侧。

在悬浮电极的末端测量了粒子流的宽度以表征不同电压下氧化石墨烯小球的聚集特性，如图 5-21(a)所示。除此之外，粒子流的聚集宽度被定义在图 5-21(a)中。接着研究了流体流速对氧化石墨烯小球在 ICEO 漩涡中聚集效果的影响。随着流体流速的增加，粒子流宽度呈现出增大的趋势。在低流速作用下，氧化石墨烯小球呈现为粒子流，在较高流速作用下，氧化石墨烯小球呈现为粒子带，如图 5-21(b)所示。造成该现象的原因是：ICEO 漩涡没有充足的时间将氧化石墨烯小球输送到流体停滞线上。

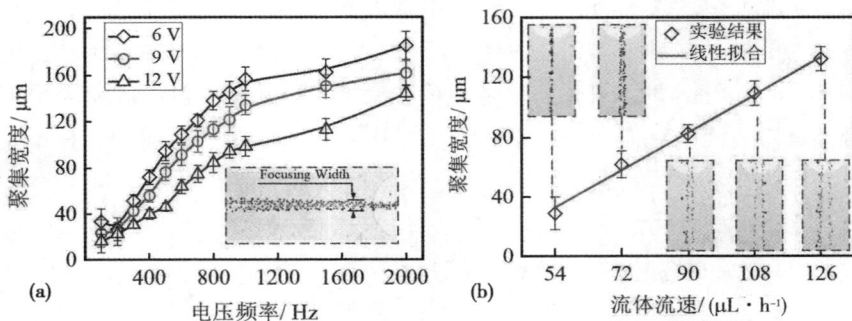

图5-21 电压频率和流体流速对氧化石墨烯小球聚集宽度的影响

(a)电压频率对聚集宽度的影响；(b)流体流速对聚集宽度的影响。

5.8.2 氧化石墨烯小球的筛选与电压幅值的影响规律

基于聚集特性研究，在电压幅值为9 V、频率为200 Hz、流体流速为54 μL/h的情况下，对多尺寸氧化石墨烯小球进行筛选，分离过程如图5-22所示。在聚集区域氧化石墨烯小球聚集为粒子流，并且在连接区域保持直线运动。当氧化石墨烯小球进入分离区域后，由于提升力和Buoyancy力的平衡作用，它们被重新平衡到不同的高度。在纵向流速的拖拽下，各种尺寸的氧化石墨烯小球以不相同的迁移速度运动，产生了不同的运动轨迹。在颗粒的分离区域，当电压幅值为13 V、频率为150 Hz时，在循环非对称ICEO漩涡的作用下，尺寸有差异的氧化石墨烯小球产生了不同的运动轨迹，从而实现该球形应用材料的筛选，如图5-22(d)和图5-22(e)所示。这样，从出口A和出口B可以收集不同尺寸分布的氧化石墨烯小球。

当电场频率为150 Hz时，研究了在不同电压幅值下，氧化石墨烯小球基于尺寸差异分离过程，如图5-23所示。当电压幅值为6 V时，氧化石墨烯小球没有出现分离现象，如图5-23(a)所示。当将电压幅值提高到8 V时，虽然氧化石墨烯小球没有明显的分离现象，但是较大的颗粒开始产生了向左的偏移量，较小的颗粒运动轨迹没有发生明显的变化，如图5-23(b)所示。

当将电压幅值提高到10 V时，不同尺寸的氧化石墨烯小球均产生了向左的偏移。由于受到的纵向拖拽力的差异，大尺寸的氧化石墨烯小球产生了较大的偏移，被从粒子流中提取出来，而尺寸较小的氧化石墨烯小球在流体拖拽力的作用下产生了较小的偏移量，依然停留在粒子流中。因此，较大的氧化石墨

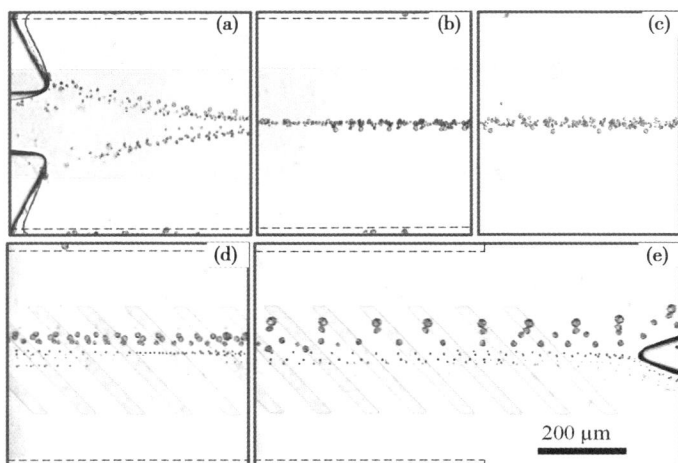

图 5-22　氧化石墨烯小球的分离过程

（a）氧化石墨烯小球在入口位置的运动；（b）氧化石墨烯小球在聚集区域的运动；（c）氧化石墨烯小球在调停区域的运动；（d）氧化石墨烯小球在分离区域的运动；（e）氧化石墨烯小球在出口位置的运动。

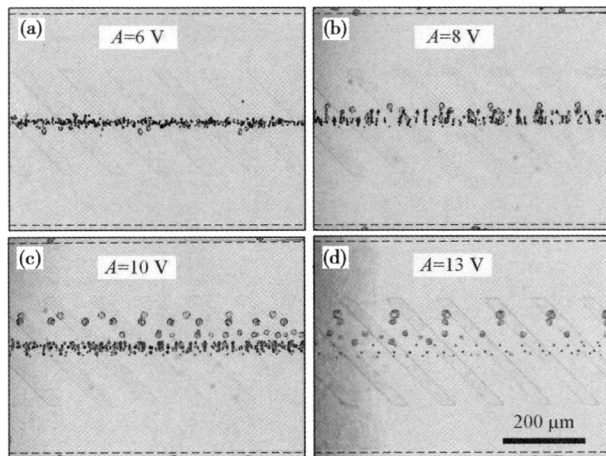

图 5-23　电压幅值对氧化石墨烯小球分离过程的影响

（a）电压为 6 V；（b）电压为 8 V；（c）电压为 10 V；（d）电压为 13 V。

烯小球被输运到左侧，平衡高度被提升到第二层。由于小尺寸氧化石墨烯小球表面的电荷和悬浮电极双电层电荷之间的互动作用，小尺寸的氧化石墨烯小球依然停留在第一层，并产生了不明显的纵向迁移，如图 5-23（c）所示。当电压提高到 13 V 时，不同尺寸的氧化石墨烯小球在循环非对称 ICEO 漩涡的作用下，它们的运动轨迹差异得到进一步加强，达到良好的筛选效果。最终，在轴向流速的作用下大尺寸的氧化石墨烯小球进入出口 A，小尺寸的氧化石墨烯小球进入出口 B，如图 5-23(d) 所示。

接着，通过扫描电子显微镜的方法对基于循环非对称 ICEO 漩涡氧化石墨烯小球的分离效果进行了分析，如图 5-24 所示。氧化石墨烯小球的初始状态的 SEM 图，如图 5-24(a) 所示。统计的氧化石墨烯小球的尺寸分布，如图 5-24(b) 所示。当电压为 13 V、频率为 150 Hz 时，筛选了多尺寸氧化石墨烯小球，然后分别从出口 A 和出口 B 收集了分离后的样本并进行观察统计。从出口 A 获得分离后样本的 SEM 图，如图 5-24(c) 所示，其尺寸分布，如图 5-24(d) 所示。接着又从出口 B 收集了分离后的氧化石墨烯小球，获得的样本的 SEM 图如图 5-24(e) 所示，其尺寸分布如图 5-24(f) 所示。通过对比图 5-24(d)

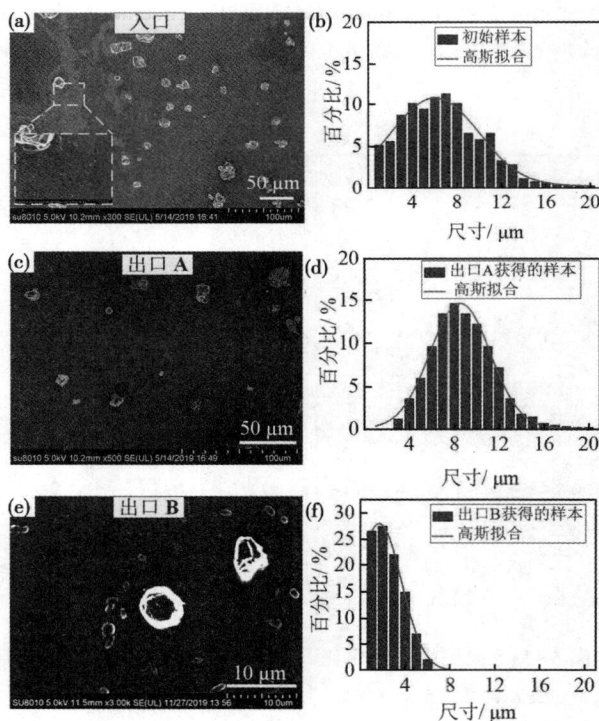

图 5-24 分离前后氧化石墨烯小球的尺寸分布图

(a)初始样本的 SEM 图；(b)初始样本的尺寸分布；(c)出口 A 样本的 SEM 图；(d)出口 A 样本的尺寸分布；(e)出口 B 样本的 SEM 图；(f)出口 B 样本的尺寸分布。

(f)可知：从出口 A 和从出口 B 收集的氧化石墨烯小球在尺寸分布上具有明显的差异。因此，循环非对称 ICEO 漩涡分离方法在多尺寸氧化石墨烯小球筛选方面具有出色的表现。通过调节工作参数能够对该漩涡分布进行改变，从而实现对分离效果的调整，改变出口 A 和出口 B 中氧化石墨烯小球的尺寸分布。

5.8.3 纳米尺度氧化石墨烯小球的筛选

通过调节工作参数能够将多尺寸氧化石墨烯小球样本中纳米尺寸的氧化石墨烯小球筛选出来。当电压幅值为 14 V、频率为 100 Hz 时，纳米尺寸的氧化石墨烯小球进入出口 B。获得纳米尺寸氧化石墨烯小球的尺寸主要分布在 400 ~ 900 nm，它们的 SEM 图和尺寸分布图如图 5-25(a)(b)所示。如果进一步将电

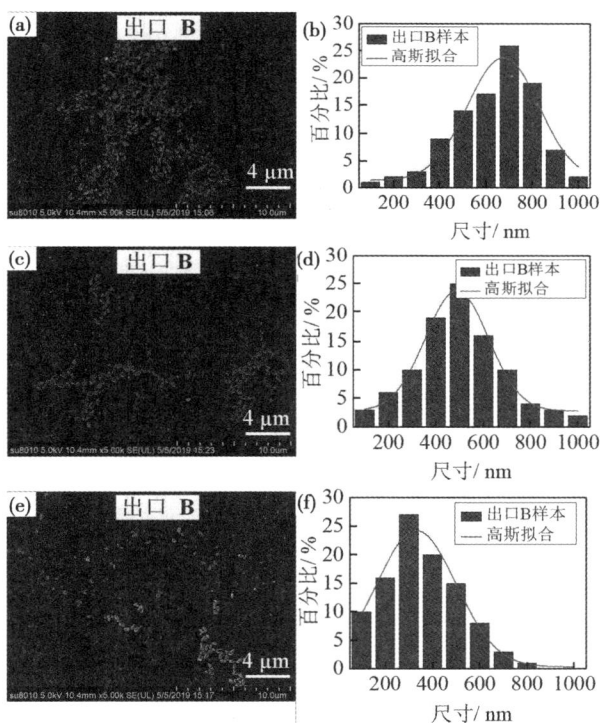

图 5-25 不同条件下分离获得的纳米尺度氧化石墨烯小球

(a)电压为 14 V、频率为 100 Hz 时筛选氧化石墨烯小球的 SEM 图；(b)电压为 14 V、频率为 100 Hz 时筛选氧化石墨烯小球的尺寸分布；(c)电压为 15 V、频率为 200 Hz 时筛选氧化石墨烯小球的 SEM 图；(d)电压为 15 V、频率为 200 Hz 时筛选氧化石墨烯小球的尺寸分布；(e)电压为 16 V、频率为 150 Hz 时筛选氧化石墨烯小球的 SEM 图；(f)电压为 16 V、频率为 150 Hz 时筛选氧化石墨烯小球的尺寸分布。

压幅值调整为 15 V、频率为 200 Hz，获得了尺寸更小的纳米尺寸氧化石墨烯小球，它们的尺寸主要分布在 300~700 nm，它们的 SEM 图和尺寸分布如图 5-25 (c)(d)所示。将电压幅值提高到 16 V、频率降低为 150 Hz 时，获得了更小的纳米尺寸的氧化石墨烯小球，如图 5-25(e)(f)所示。该条件下筛选的氧化石墨烯小球尺寸主要分布在 100~600 nm。通过对比这三组参数下筛选的纳米尺度氧化石墨烯小球可知：随着筛选参数的改变，其尺寸分布呈现出减小的趋势。因此，利用该方法能够实现纳米尺度氧化石墨烯小球的筛选。

◆◇ 5.9　本章小结

本章提出了基于循环非对称 ICEO 漩涡颗粒分离方法，利用该方法实现了多种颗粒的同时分离，并进一步实现了纳米尺度氧化石墨烯小球的筛选。具体的研究结果如下。

① 开发了 TARFES 激发循环非对称 ICEO 漩涡并用于多种颗粒的同时分离。通过研究 TARFES 的倾斜角度和相邻间距对纵向流体流速的影响，确定了 TARFES 的具体结构参数。通过分析通道内流体的分布特点，研究了两种颗粒分离模式。

② 当电压幅值为 13 V、频率为 150 Hz、流体流速为 54 μL/h 时，分离了二氧化硅颗粒和 PMMA 颗粒，验证了不同电动平衡状态颗粒分离的可行性，并研究了电压幅值、频率、流体流速对分离效果的影响规律。将二氧化硅颗粒和 PMMA 颗粒的浓度比例设定为 50∶1 和 100∶1，研究了样本浓度比例对分离效果的影响。

③ 通过分离 PMMA 颗粒和酵母细胞证明了相同电动平衡状态颗粒分离的可行性，并研究了电压幅值和流体流速对分离性能的影响规律。当电压幅值为 6 V、频率为 100 Hz、流体流速为 54 μL/h 时，成功地实现了 PMMA 颗粒、酵母细胞和二氧化硅颗粒三种颗粒的同时分离。

④ 基于对氧化石墨烯小球在 ICEO 漩涡中迁移特性的研究，利用循环非对称 ICEO 漩涡实现了多尺寸氧化石墨烯小球的筛选，获得了良好的分离效果，并研究了电压幅值对分离效果的影响规律。通过调节电压幅值和流体流速实现纳米尺度氧化石墨烯小球的筛选。该研究为多尺寸氧化石墨烯小球的筛选提供了一种连续且非接触的筛选方法，为加工高效能的电池和超级电容方面提供了可靠的技术支持。

6 结 论

　　基于漩涡的颗粒分离技术在颗粒分离方面具有非接触、离散颗粒等优点，在分离状态复杂的颗粒样本方面具有明显的优势。但是当前漩涡分离技术是通过设计特定的结构去激发特定形貌的漩涡进行颗粒分离，漩涡的形貌和强度无法灵活调节。如果处理新的样本，这样的漩涡分离技术将要面临装置重新设计和加工的难题。ICEO 漩涡是一种可控性和重塑性非常强的漩涡，不仅能够继承上述基于被动漩涡颗粒分离技术的优点，还能够克服它们的局限性。鉴于此，本书首次将 ICEO 漩涡应用于颗粒分离领域。以双电层充电动力学和 Maxwell-Wagner 界面极化为基础，建立了 ICEO 漩涡分离颗粒的数学模型。通过数值模拟分析了电压频率、幅值，颗粒直径、密度等因素对颗粒运动状态的影响。数值模拟了基于对称和非对称 ICEO 漩涡分离不同密度和不同尺寸颗粒的过程，揭示了基于 ICEO 漩涡颗粒分离的机理。设计加工了激发对称和非对称 ICEO 漩涡的芯片，研究了两种形态 ICEO 漩涡的颗粒调控规律和分离性能。通过演变对称 ICEO 漩涡，开发了基于渐远式对称 ICEO 漩涡的正介电特性颗粒分离方法，并将该方法成功地应用到了纳米颗粒的分离、油脂含量较高的小球藻细胞与卵囊藻细胞的提取方面。通过演变非对称 ICEO 漩涡，设计 TARFES 去激发循环非对称 ICEO 漩涡。利用循环非对称 ICEO 漩涡实现了多种颗粒的同时分离。基于氧化石墨烯小球的迁移特性，利用该方法实现了多尺寸氧化石墨烯小球的筛选，进一步成功地筛选了纳米尺寸的氧化石墨烯小球。

　　①从双电层充电动力学和 Maxwell-Wagner 界面极化的角度出发，耦合电场、流场和重力场建立了 ICEO 漩涡分离颗粒的数学模型。通过数值仿真研究了颗粒在对称和非对称 ICEO 漩涡中的运动轨迹，并研究了电压频率、幅值及颗粒特性对运动轨迹的影响，数值模拟了对称和非对称 ICEO 漩涡进行颗粒分离的过程，揭示了基于 ICEO 漩涡的颗粒分离机理。

　　②设计并加工了激发 ICEO 漩涡的微流控芯片，并搭建了 ICEO 漩涡分离颗

粒的实验平台。研究了对称 ICEO 漩涡对颗粒电动平衡状态参数调控规律。在验证对称 ICEO 漩涡颗粒分离能力的基础上，研究了该分离方法在基于尺寸差异和密度差异颗粒分离的性能，并研究了流体流速对分离效果的影响。研究了非对称 ICEO 漩涡对颗粒电动平衡状态的参数调控规律，非对称 ICEO 漩涡分离不同密度和不同尺寸颗粒的性能，以及溶液电导率对其分离性能的影响。

③提出了基于诱导电荷电渗漩涡的微藻分离方法，利用渐远式诱导电荷电渗漩涡实现了大尺寸微藻的分离，并利用平行诱导电荷电渗漩涡实现了高通量小尺寸微藻的分离。以二氧化硅与不同尺寸 PS 颗粒微样本验证了该分离方法的灵活性，并研究了大尺寸样本在 ICEO 漩涡中的运动行为，证明了 ICEO 漩涡在分离大尺度颗粒中的适应性。进一步地，利用该方法分离了 500 nm PS 纳米颗粒和 600 nm 铜纳米颗粒，证明了渐远式对称 ICEO 漩涡在分离正介电特性颗粒方面的可行性和分辨率。在研究对称 ICEO 漩涡调控小球藻细胞电动平衡状态的基础上，利用该方法从多种藻类细胞中提取了油脂含量较高的小球藻细胞，纯度达到 $(96.4\pm0.8)\%$；又利用该分离方法对中性油脂含量较高的卵囊藻细胞进行了基于核数的分离，成功地提取了单核卵囊藻细胞，纯度达到 $(95.2\pm2.3)\%$。基于双电层充电效应提出了一种平行诱导电荷电渗漩涡颗粒分离方法，当 $A=40$ V、$f=200$ Hz、$Q=576$ μL/h 时，成功地提取了硅藻细胞，纯度超过 93.6%，有效地提高诱导电荷电渗漩涡颗粒分离通量。

④通过将非对称 ICEO 漩涡进行演变，提出了循环非对称 ICEO 漩涡颗粒分离方法，实现了多种颗粒的同时分离。为了验证该方法的适应能力，基于通道内的流场分布，研究了颗粒在两种模式下的分离性能。在验证了不同电动平衡状态颗粒分离之后，研究了电压幅值、频率、流体流速和样本含量对分离效果的影响。在验证相同电动平衡状态颗粒分离的基础上，研究了工作参数对分离效果的影响，成功地实现了三种颗粒的同时分离。基于对氧化石墨烯小球的表征，实现了多种尺寸的氧化石墨烯小球的筛选，并研究了电压幅值对筛选效果的影响。通过调节电压幅值和流体流速，实现了纳米尺度氧化石墨烯小球的筛选。该研究为高性能太阳能电池和超级电容的加工提供了有效的技术支持，并且可以直接拓展到其他应用材料的分离。

参考文献

[1] DIERCKS S, METFIES K, MEDLIN L K.Development and adaptation of a multiprobe biosensor for the use in a semi-automated device for the detection of toxic algae[J].Biosens Bioelectron, 2008, 23(10): 1527-1533.

[2] SUN P, LIU Y, SHA J, et al.High-throughput microfluidic system for long-term bacterial colony monitoring and antibiotic testing in zero-flow environments[J].Biosens Bioelectron, 2011, 26(5): 1993-1999.

[3] SHEN S, TIAN C, LI T, et al.Spiral microchannel with ordered micro-obstacles for continuous and highly-efficient particle separation[J].Lab Chip, 2017, 17(21): 3578-3591.

[4] LIU C, DING B, XUE C, et al.Sheathless focusing and separation of diverse nanoparticles in viscoelastic solutions with minimized shear thinning[J].Anal Chem, 2016, 88(24): 12547-12553.

[5] MAGE P L, CSORDAS A T, BROWN T, et al.Shape-based separation of synthetic microparticles[J].Nat Mater, 2019, 18(1): 82-89.

[6] AHMAD R, DESTGEER G, AFZAL M, et al.Acoustic wave-driven functionalized particles for aptamer-based target biomolecule separation[J].Anal Chem, 2017, 89(24): 13313-13319.

[7] HAN S, ZHANG Q, ZHANG X, et al.A digital microfluidic diluter-based microalgal motion biosensor for marine pollution monitoring[J].Biosens bioelectron, 2019, 143: 111597.

[8] KHAN M I, SHIN J H, KIM J D.The promising future of microalgae: current status, challenges, and optimization of a sustainable and renewable industry for biofuels, feed, and other products[J].Microb Cell Fact, 2018, 17(1): 36.

[9]　YAO S, LYU S, AN Y, et al.Microalgae-bacteria symbiosis in microalgal growth and biofuel production: a review[J].J Appl Microbiol, 2019, 126 (2): 359-368.

[10]　XU L, GUO C, WANG F, et al.A simple and rapid harvesting method for microalgae by in situ magnetic separation[J].Bioresour Technol, 2011, 102 (21): 10047-10051.

[11]　KREIS C T, GRANGIER A, BAUMCHEN O.In vivo adhesion force measurements of chlamydomonas on model substrates[J].Soft Matter, 2019, 15 (14): 3027-3035.

[12]　WANG L, BAI H, SHI G.Size fractionation of graphene oxide sheets by pH-assisted selective sedimentation[J].J.Am.Chem.Soc.2011, 133, 6338-6342.

[13]　SUN X M, LUO D C, LIU J F, et al.Monodisperse chemically modified graphene obtained by density gradient ultracentrifugal rate separation[J].ACS Nano, 2010, 4(6), 3381-3389.

[14]　DENG Y L, CHANG J S, JUANG Y J.Separation of microalgae with different lipid contents by dielectrophoresis[J].Bioresour Technol, 2013, 135: 137-41.

[15]　ZHU H, LIN X, SU Y, et al.Screen-printed microfluidic dielectrophoresis chip for cell separation[J].Biosens Bioelectron, 2015, 63: 371-378.

[16]　LÁZARO B J, LASHERAS J C.Particle dispersion in the developing free shear layer.Part 2. Forced flow[J].Journal of Fluid Mechanics, 2006, 235 (1): 179.

[17]　HUANG Y, WU W, ZHANG H.Numerical study of particle dispersion in the wake of gas-particle flows past a circular cylinder using discrete vortex method [J].Powder Technology, 2006, 162(1): 73-81.

[18]　KHOJAH R, STOUTAMORE R, DI C D.Size-tunable microvortex capture of rare cells[J].Lab Chip, 2017, 17(15): 2542-2549.

[19]　DALILI A, SAMIEI E, HORRFAR M.A review of sorting, separation and isolation of cells and microbeads for biomedical applications: microfluidic approaches[J].Analyst, 2018, 144(1): 87-113.

[20]　LEE K, LEE J, HA D, et al.Low-electric-potential-assisted diffusiophoresis

for continuous separation of nanoparticles on a chip[J].Lab Chip, 2020, 20 (15): 2735-2747.

[21] STATON S J, KIM S Y, HART S J, et al.Pico-force optical exchange(pico-FOX): utilizing optical forces applied to an orthogonal electroosmotic flow for particulate enrichment from mixed sample streams[J].Anal Chem, 2013, 85 (18): 8647-8653.

[22] XIANG N, WANG J, LI Q, et al.Precise Size-Based Cell Separation via the Coupling of Inertial Microfluidics and Deterministic Lateral Displacement[J]. Anal Chem, 2019, 91(15): 10328-10334.

[23] CHEN J, LIU C Y, WANG X, et al.3D printed microfluidic devices for circulating tumor cells (CTCs) isolation [J]. Biosens Bioelectron, 2020, 150: 111900.

[24] PASTIKA L, VAN NOORT D, LIM W, et al.A microbore tubing based spiral for multistep cell fractionation [J]. Anal Chem, 2018, 90 (21): 12909-12916.

[25] ZHANG Y, JIANG Y, XIN R, et al.Effect of particle hydrophilicity on the separation performance of a novel cyclone [J]. Separation and Purification Technology, 2020, 237: 116315.

[26] XI H D, ZHENG H, GUO W, et al.Active droplet sorting in microfluidics: a review[J].Lab Chip, 2017, 17(5): 751-771.

[27] ADEKANMBI E O, SRIVASTAVA S K.Dielectrophoretic applications for disease diagnostics using lab-on-a-chip platforms[J].Lab Chip, 2016, 16(12): 2148-2167.

[28] BELOTTI Y, LIM C T.Microfluidics for liquid biopsies: recent advances, current challenges, and future directions[J].Anal Chem, 2021, 93(11): 4727-4738.

[29] FAN X, JIA C, YANG J, et al.A microfluidic chip integrated with a high-density PDMS-based microfiltration membrane for rapid isolation and detection of circulating tumor cells[J].Biosens Bioelectron, 2015, 71: 380-386.

[30] GURUADATT N G, CHUNG S, KIM J M, et al.Separation detection of different circulating tumor cells in the blood using an electrochemical microfluid-

ic channel modified with a lipid-bonded conducting polymer[J].Biosens Bioelectron, 2019, 146: 111746.

[31] KIM B, CHOI Y J, SEO H, et al.Deterministic migration-based separation of white blood cells[J].Small, 2016, 12(37): 5159-5168.

[32] WANG Y, LIANG Z, LIU Y, et al.A method for isolating tumor cells from large volume of malignant pleural effusion and its efficacy evaluation [J]. Zhongguo Fei Ai Za Zhi, 2020, 23(12): 1080-1086.

[33] LIU S, WANG A, LI Q, et al.Crumpled graphene balls stabilized dendrite-free lithium metal anodes[J].Joule, 2018, 2(1): 184-193.

[34] WITEK M A, FREED I M, SOPER S A.Cell separations and sorting[J].Anal Chem, 2020, 92(1): 105-131.

[35] SHI J, HUANG H, STRATTON Z, et al.Continuous particle separation in a microfluidic channel via standing surface acoustic waves(SSAW)[J].Lab Chip, 2009, 9(23): 3354-3359.

[36] NASIRI R, SHAMLOO A, AHADIAN S, et al.Microfluidic-based approaches in targeted cell/particle separation based on physical properties: fundamentals and applications[J].Small, 2020, 16(29): e2000171.

[37] HEJAZIAN M, LI W, NGUYEN N T.Lab on a chip for continuous-flow magnetic cell separation[J].Lab Chip, 2015, 15(4): 959-970.

[38] NG A H, CHOI K, LUORMA R P, et al.Digital microfluidic magnetic separation for particle-based immunoassays[J].Anal Chem, 2012, 84(20): 8805-1288.

[39] XIANYU Y, DONG Y, ZHANG Z, et al.Gd(3+)-nanoparticle-enhanced multivalent biosensing that combines magnetic relaxation switching and magnetic separation[J].Biosens Bioelectron, 2020, 155: 112106.

[40] HU X, BESSETTE P H, QIAN J, et al.Marker-specific sorting of rare cells using dielectrophoresis[J].Proc Natl Acad Sci U S A, 2005, 102(44): 15757-15761.

[41] ZHAO K, PENG R, LI D.Separation of nanoparticles by a nano-orifice based DC-dielectrophoresis method in a pressure-driven flow[J].Nanoscale, 2016, 8(45): 18945-18955.

［42］ WU M, OZCELIK A, et al.Acoustofluidic separation of cells and particles ［J］.Microsystems & Nanoengineering, 2019, 5(1): 1-18.

［43］ MAO Z, LI P, WU M, et al.Enriching nanoparticles via acoustofluidics［J］. ACS Nano, 2017, 11(1): 603-612.

［44］ WIKLUND M, GREEN R, OHLIN M.Acoustofluidics 14: applications of a-coustic streaming in microfluidic devices［J］.Lab Chip, 2012, 12(14): 2438-2451.

［45］ MA Z, COLLINS D J, GUO J, et al.Mechanical properties based particle separation via traveling surface acoustic wave［J］.Anal Chem, 2016, 88 (23): 11844-11851.

［46］ WU M X, MAO Z M, CHEN K J, et al.Acoustic separation of nanoparticles in continuous flow［J］.Adv Funct Mater, 2020, 30(50): 2006375.

［47］ WU M, OZCELIK A, RUFO J, et al.Acoustofluidic separation of cells and particles［J］.Microsyst Nanoeng, 2019, 5(1): 1-18.

［48］ XUE Z, WANG Y, ZHENG X, et al.Particle capture of special cross-section matrices in axial high gradient magnetic separation: a 3D simulation［J］.Sep-aration and Purification Technology, 2020, 237: 116375.

［49］ LIM J K, CHIEH D C, JALAK S A, et al.Rapid magnetophoretic separation of microalgae［J］.Small, 2012, 8(11): 1683-1692.

［50］ MURRAY C, PAO E, TSENG P, et al.Quantitative magnetic separation of particles and cells using gradient magnetic ratcheting［J］.Small, 2016, 12 (14): 1891-1899.

［51］ HUANG D, XIANG N.Rapid and precise tumor cell separation using the combination of size-dependent inertial and size-independent magnetic methods ［J］.Lab Chip, 2021, 21(7): 1409-1417.

［52］ YAVUZ C T, MAYO J T, YU W W, et al.Low-field magnetic separation of monodisperse Fe_3O_4, nanocrystals［J］.Science, 2016, 314(5801): 964-967.

［53］ PLOUFFE B D, MAHALANABIS M, LEWIS L H, et al.Clinically relevant microfluidic magnetophoretic isolation of rare-cell populations for diagnostic and therapeutic monitoring applications［J］.Anal Chem, 2012, 84(3):

1336-1344.

[54] PAMME N, MANA A. On-chip free-flow magnetophoresis: continuous flow separation of magnetic particles and agglomerates[J]. Anal Chem, 2004, 76 (24): 7250-7256.

[55] HUANG N T, ZHANG H L, CHUNG M T, et al. Recent advancements in optofluidics-based single-cell analysis: optical on-chip cellular manipulation, treatment, and property detection[J]. Lab Chip, 2014, 14(7): 1230-1245.

[56] SAITO K, OKUBO S, KIMURA Y. Change in collective motion of colloidal particles driven by an optical vortex with driving force and spatial confinement [J]. Soft Matter, 2018, 14(29): 6037-6042.

[57] LEE K H, KIM S B, LEE K S, et al. Enhancement by optical force of separation in pinched flow fractionation[J]. Lab Chip, 2011, 11(2): 354-357.

[58] WANG M M, TU E, RAYMOND D E, et al. Microfluidic sorting of mammalian cells by optical force switching[J]. Nat Biotechnol, 2005, 23(1): 83-87.

[59] KIM S B, YOON S Y, SUNG H J, et al. Cross-type optical particle separation in a microchannel[J]. Anal Chem, 2008, 80(7): 2628-2630.

[60] SONG Y, HAN X, LI D, et al. Simultaneous and continuous particle separation and counting via localized DC-dielectrophoresis in a microfluidic chip [J]. RSC Advances, 2021, 11(7): 3827-3833.

[61] SONG Y, YANG J, SHI X, et al. DC-dielectrophoresis separation of marine algae and particles in a microfluidic chip [J]. Science China Chemistry, 2012, 55(4): 524-530.

[62] WU Y, REN Y, TAO Y, et al. High-throughput separation, trapping, and manipulation of single cells and particles by combined dielectrophoresis at a bipolar electrode array[J]. Anal Chem, 2018, 90(19): 11461-11469.

[63] GARCIA-SANCHEZ P, RAMOS A. Continuous particle separation in microfluidics: deterministic lateral displacement assisted by electric fields[J]. Micromachines(Basel), 2021, 12(1): 66.

[64] KUNG Y C, NIAZI K R, CHIOU P Y. Tunnel dielectrophoresis for ultra-high precision size-based cell separation[J]. Lab Chip, 2021, 21(6): 1049-1060.

[65] 贾延凯. 基于新型 3D 电极的介电泳微粒分离微流控芯片研究[D]. 哈尔

滨：哈尔滨工业大学，2014.

［66］陶冶.基于液滴微流控的病毒颗粒检测与分选关键技术研究［D］.哈尔滨：哈尔滨工业大学，2016.

［67］LEWPIRIYWONG N，KANDASWAMY K，YANG C，et al.Microfluidic characterization and continuous separation of cells and particles using conducting poly(dimethyl siloxane)electrode induced alternating current-dielectrophoresis［J］.Anal Chem，2011，83(24)：9579-9585.

［68］YUAN D，ZHAO Q，YAN S，et al.Recent progress of particle migration in viscoelastic fluids［J］.Lab Chip，2018，18(4)：551-567.

［69］AROSIO P，MULLER T，MAHADEVAN L，et al.Density-gradient-free microfluidic centrifugation for analytical and preparative separation of nanoparticles［J］.Nano Lett，2014，14(5)：2365-2371.

［70］YUAN D，ZHAO Q，YAN S，et al.Sheathless separation of microalgae from bacteria using a simple straight channel based on viscoelastic microfluidics ［J］.Lab Chip，2019，19(17)：2811-2821.

［71］AKBULUT O，MACE C R，MARTINEZ R V，et al.Separation of nanoparticles in aqueous multiphase systems through centrifugation［J］.Nano Lett，2012，12(8)：4060-4064.

［72］WU Z，WILLING B，BJERKETORP J，et al.Soft inertial microfluidics for high throughput separation of bacteria from human blood cells［J］.Lab Chip，2009，9(9)：1193-1199.

［73］BURINARU T A，AVRAM M，et al.Detection of circulating tumor cells using microfluidics［J］.ACS Comb Sci，2018，20(3)：107-126.

［74］FALLAHI H，ZHANG J，NICKOLLS J，et al.Stretchable inertial microfluidic device for tunable Particle Separation［J］.Anal Chem，2020，92(18)：12473-12480.

［75］TANG W，ZHU S，JIANG D，et al.Channel innovations for inertial microfluidics［J］.Lab Chip，2020，20(19)：3485-3502.

［76］LEE D，CHOI Y H，LEE W.Enhancement of inflection point focusing and rare-cell separations from untreated whole blood［J］.Lab Chip，2020，20(16)：2861-2871.

[77] KIM J A, LEE J R, JE T J, et al.Size-dependent inertial focusing position shift and particle separations in triangular microchannels[J].Anal Chem, 2018, 90(3): 1827-1835.

[78] LEE D J, BRENNER H, YOUN J R, et al.Multiplex particle focusing via hydrodynamic force in viscoelastic fluids[J].Sci Rep, 2013, 3: 3258.

[79] WANG L, DANDY D S.High-throughput inertial focusing of micrometer-and sub-micrometer-sized particles separation[J].Adv Sci(Weinh), 2017, 4 (10): 1700153.

[80] MACH A J, KIM J H, ARSHI A, et al.Automated cellular sample preparation using a centrifuge-on-a-chip[J].Lab Chip, 2011, 11(17): 2827-2834.

[81] WU Z, CHEN Y, WANG M, et al.Continuous inertial microparticle and blood cell separation in straight channels with local microstructures[J].Lab Chip, 2016, 16(3): 532-542.

[82] GOU Y, ZHANG S, SUN C, et al.Sheathless inertial focusing chip combining a spiral channel with periodic expansion structures for efficient and stable particle sorting[J].Anal Chem, 2020, 92(2): 1833-1841.

[83] TIAN F, ZHANG W, CAI L, et al.Microfluidic co-flow of Newtonian and viscoelastic fluids for high-resolution separation of microparticles[J].Lab Chip, 2017, 17(18): 3078-3085.

[84] LI D, LU X, XUAN X.Viscoelastic separation of particles by size in straight rectangular microchannels: a parametric study for a refined understanding [J].Anal Chem, 2016, 88(24): 12303-12309.

[85] SYED M S, RAFEIE M, VANDAMME D, et al.Selective separation of microalgae cells using inertial microfluidics[J].Bioresour Technol, 2018, 252: 91-99.

[86] BHAGAT A A, KUNTAEGOWDANAHALLI S S, PAPAUTSKY I.Continuous particle separation in spiral microchannels using Dean flows and differential migration[J].Lab Chip, 2008, 8(11): 1906-1914.

[87] ABDULLA A, LIU W, GHOLAMIPOUR-SHIRAZI A, et al.High-throughput isolation of circulating tumor cells using cascaded inertial focusing microfluidic channel[J].Anal Chem, 2018, 90(7): 4397-4405.

［88］ WU L, GUAN G, HOU H W, et al.Separation of leukocytes from blood using spiral channel with trapezoid cross-section[J].Anal Chem, 2012, 84(21): 9324-9331.

［89］ RAFEIE M, ZHANG J, ASADNIA M, et al.Multiplexing slanted spiral microchannels for ultra-fast blood plasma separation[J].Lab Chip, 2016, 16(15): 2791-2802.

［90］ ZHOU Y, MA Z, AI Y.Dynamically tunable elasto-inertial particle focusing and sorting in microfluidics[J].Lab Chip, 2020, 20(3): 568-581.

［91］ YING Y, LIN Y.Inertial focusing and separation of particles in similar curved channels[J].Sci Rep, 2019, 9(1): 16575.

［92］ SIM T S, KWON K, PARK J C, et al.Multistage-multiorifice flow fractionation(MS-MOFF): continuous size-based separation of microspheres using multiple series of contraction/expansion microchannels[J].Lab Chip, 2011, 11(1): 93-99.

［93］ SOLLIER E, GO D E, CHE J, et al.Size-selective collection of circulating tumor cells using vortex technology[J].Lab Chip, 2014, 14(1): 63-77.

［94］ ZHANG J, YAN S, YUAN D, et al.Fundamentals and applications of inertial microfluidics: a review[J].Lab Chip, 2016, 16(1): 10-34.

［95］ BAZAZ S R, MASHHADIAN A, et al.Computational inertial microfluidics: a review[J].Lab Chip, 2020, 20(6): 1023-1048.

［96］ FAN L-L, HAN Y, HE X-K, et al.High-throughput, single-stream microparticle focusing using a microchannel with asymmetric sharp corners[J].Microfluidics and Nanofluidics, 2014, 17(4): 639-646.

［97］ HU D, LIU H, TIAN Y, et al.Sorting technology for circulating rumor cells based on microfluidics[J].ACS Comb Sci, 2020, 22(12): 701-711.

［98］ HOCHSTETTER A, VERNEKAR R, AUSTIN R H, et al.Deterministic lateral displacement: challenges and perspectives[J].ACS Nano, 2020, 14(9): 10784-10795.

［99］ DAGHIGHI Y, LI D.Micro-valve using induced-charge electrokinetic motion of janus particle[J].Lab Chip, 2011, 11(17): 2929-2940.

［100］ JIA Y, REN Y, JIANG H.Continuous-flow focusing of microparticles using induced-charge electroosmosis in a microfluidic device with 3D AgPDMS e-lectrodes[J].RSC Advances, 2015, 5(82): 66602-66610.

[101] REN Y, LIU J, LIU W, et al.Scaled particle focusing in a microfluidic device with asymmetric electrodes utilizing induced-charge electroosmosis[J]. Lab Chip, 2016, 16(15): 2803-2812.

[102] SQUIRES T M, BAZANT M Z.Induced-charge electro-osmosis[J].Journal of Fluid Mechanics, 2004, 509: 217-252.

[103] LAZO I, PENG C, XIANG J, et al.Liquid crystal-enabled electro-osmosis through spatial charge separation in distorted regions as a novel mechanism of electrokinetics[J].Nat Commun, 2014, 5: 5033.

[104] REN Y, LIU W, JIA Y, et al.Induced-charge electroosmotic trapping of particles[J].Lab Chip, 2015, 15(10): 2181-2191.

[105] REN Y, LIU W, WANG Z, et al.Induced-charge electrokinetics in rotating electric fields: a linear asymptotic analysis[J].Physics of Fluids, 2018, 30 (6): 062006.

[106] ZERIOUH O, REINOSO-MORENO J V, LÓPEZ-ROSALES L, et al. A methodological study of adhesion dynamics in a batch culture of the marine microalga Nannochloropsis gaditana[J].Algal Research, 2017, 23: 240-254.

[107] PRATORE F, BACHEVA V, KAIGALA G V, et al.Dynamic microscale flow patterning using electrical modulation of zeta potential[J].Proc Natl Acad Sci U.S.A.,2019, 116(21): 10258-10263.

[108] GEORGIANNA D R, MAYFIELD S P.Exploiting diversity and synthetic biology for the production of algal biofuels[J].Nature, 2012, 488(7411): 329-335.

[109] 杨敏志.温度、光照度和氮对波吉卵囊藻生殖周期的影响[D].湛江：广东海洋大学, 2019.

[110] JUNG J K, ALAM K K, VEROSLOFF M S, et al.Cell-free biosensors for rapid detection of water contaminants[J].Nat Biotechnol, 2020, 38(12): 1451-1459.

[111] WANG Y, WANG J, WU X, et al.Dielectrophoretic separation of microal-

gae cells in ballast water in a microfluidic chip[J].Electrophoresis, 2019, 40(6): 969-978.

[112] AKOLPOGLU M B, DOGAN N O, BOZUYUK U, et al.High-yield production of biohybrid microalgae for on-demand cargo delivery[J].Advanced Science, 2020, 7(16): 2001256.

[113] MOODY J W, MCGINTY C M, QUINN J C.Global evaluation of biofuel potential from microalgae[J].Proc Natl Acad Sci U.S.A., 2014, 111(23): 8691-8696.

[114] 任佳佳.不同光照度保存下波吉卵囊藻的生长、生化组分及转录组分析[D].湛江:广东海洋大学, 2020.

[115] ALVES G M, CRUVINEL P E, Customized computer vision and sensor system for colony recognition and live bacteria counting in agriculture[J].Sensors & Transducers, 2016, 201(6): 65-77.

[116] MANOHAR S M, SHAH P, et al.Flow cytometry: principles, applications and recent advances[J].Bioanalysis, 2021, 13(3): 181-198.

[117] COMPTON O C, KIM S, PIERRE C, et al.Crumpled graphene nanosheets as highly effective barrier property enhancers[J].Adv Mater, 2010, 22(42): 4759-4763.

[118] HAO W, CHIOU K, QIAO Y, et al.Crumpled graphene ball-based broadband solar absorbers[J].Nanoscale, 2018, 10(14): 6306-6312.

[119] DOU X, KOLTONOW A R, HE X, et al.Self-dispersed crumpled graphene balls in oil for friction and wear reduction[J].Proc Natl Acad Sci U.S.A., 2016, 113(6): 1528-1533.

[120] PARVIZ D, METZLER S D, DAS S, et al.Tailored crumpling and unfolding of spray-dried pristine graphene and graphene oxide sheets[J].Small, 2015, 11(22): 2661-2668.

[121] SILVA A C Q, VILELA C, SANTOS H A, et al.Recent trends on the development of systems for cancer diagnosis and treatment by microfluidic technology[J].Applied Materials Today, 2020, 18: 100450.

[122] KANG J, LIM T, JEONG M H, et al.Graphene papers with tailored pore structures fabricated from crumpled graphene spheres[J].Nanomaterials (Basel), 2019, 9(6): 815.

[123] SHI Y X, LI C, SHEN L M, et al.Structure-dependent re-dispersibility of graphene oxide powders prepared by fast spray drying[J].Chinese Journal of Chemical Engineering, 2021, 32(4): 485-492.

[124] ZHOU G W, WANG J, et al.Facile spray drying route for the three-dimensional graphene-encapsulated Fe_2O_3 nanoparticles for lithium ion battery anodes[J].Ind Eng Chem Res, 2013, 52(3): 1197-1204.

[125] PARK G D, KIM J H, CHOI Y J, et al.Large-scale production of MoO 3-reduced graphene oxide powders with superior lithium storage properties by spray-drying process[J].Electrochimica Acta, 2015, 173: 581-587.

[126] ZHAO J, CHEN G, ZHANG W, et al.High-resolution separation of graphene oxide by capillary electrophoresis[J].Anal Chem, 2011, 83(23): 9100-9106.

[127] ANTHONY R, STUART B.Solvent extraction and characterization of neutral lipids in oocystis sp[J].Frontiers in Energy Research, 2015, 2.

[128] KHAIR A S, BALU B.Breaking electrolyte symmetry in induced-charge electro-osmosis[J].Journal of Fluid Mechanics, 2020, 905: A20.

[129] HAMED M A, YARIV E.Induced-charge electrokinetic flows about polarizable nano-particles: the thick-debye-layer limit[J].Journal of Fluid Mechanics, 2009, 627: 341-360.

[130] ROSE K A, HOFFMAN B, SAINTILLAN D, et al.Hydrodynamic interactions in metal rodlike-particle suspensions due to induced charge electroosmosis[J].Phys Rev E Stat Nonlin Soft Matter Phys, 2009, 79(1 Pt 1): 402.

[131] XUAN X C.Review of nonlinear electrokinetic flows in insulator-based dielectrophoresis: from induced charge to joule heating effects[J].Electrophoresis, 2021, 43(1/2):167-189.

[132] 贾延凯.交流电场调控复合液滴的融合与释放机理及实验研究[D].哈尔滨:哈尔滨工业大学, 2019.

[133] HAWARI A H, LARBI B, ALKHATIB A, et al.Insulator-based dielectrophoresis for fouling suppression in submerged membranes bioreactors: impact of insulators shape and dimensions[J].Separation and Purification Technology, 2019, 213: 507-514.

[134] LI M, ANAND R K.High-throughput selective capture of single circulating tumor cells by dielectrophoresis at a wireless electrode array[J].J Am Chem Soc, 2017, 139(26): 8950-8959.

[135] LI D.Electrokinetics in microfluidics[M].New York: Elsevier Academic Press, 2004.

[136] PENG C, LAZO I, SHIYANOVSKII S V, et al.Induced-charge electro-osmosis around metal and Janus spheres in water: patterns of flow and breaking symmetries[J].Phys Rev E Stat Nonlin Soft Matter Phys, 2014, 90 (5): 051002.

[137] FALLAHI H, YADAV S, PHAN H-P, et al.Size-tuneable isolation of cancer cells using stretchable inertial microfluidics[J].Lab on a Chip, 2021.

[138] LIU W, SHAO J, JIA Y, et al.Trapping and chaining self-assembly of colloidal polystyrene particles over a floating electrode by using combined induced-charge electroosmosis and attractive dipole-dipole interactions[J].Soft Matter, 2015, 11(41): 8105-8112.

[139] ZHANG Z H, CHANG X, SU D Y, et al.Comprehensive transcriptome analyses of two oocystis algae provide insights into the adaptation to Qinghai-Tibet Plateau[J].Journal of Systematics and Evolution, 2021,59(6): 1209-1219.

[140] CHEN C, XU Z, HAN Y, et al.Redissolution of flower-shaped graphene oxide powder with high density [J]. ACS Appl Mater Interfaces, 2016, 8 (12): 8000-8007.

[141] KUMAR P, WANI M F.Synthesis and tribological properties of graphene: a review[J].Jurnal Tribologi, 2017, 13: 36-71.

[142] XIAO L, DAMIEN J, LUO J, et al.Crumpled graphene particles for microbial fuel cell electrodes[J].Journal of Power Sources, 2012, 208: 187-192.

[143] JO E H, CHOI J-H, PARK S-R, et al.Size and structural effect of crumpled graphene balls on the electrochemical properties for supercapacitor application[J].Electrochimica Acta, 2016, 222: 58-63.

[144] MAO B S, WEN Z, BO Z, et al.Hierarchical nanohybrids with porous CNT-networks decorated crumpled graphene balls for supercapacitors [J]. ACS Applied Materials & Interfaces, 2014, 6(12): 9881-9889.